KB147723

제4판

Craftsman Confectionary & Breads Making

실기 동영상(QR코드) 수록

제과제빵 기능사 실기

오동환
강소연
정성모
윤두열
이득길
공저

- 최신 신규 품목 및 변경 내용 적용
- 실기시험 노하우 및 중요사항 집중정리
- 반죽온도 계산 방법 정리

(주)백산출판사

머리말

이 책은 제과제빵기능사 자격시험을 준비하는 분들을 위해 공개문제를 분석하여, 시험에 대한 노하우 및 중요사항들을 집중적으로 정리하였습니다.
제과제빵 이론 정리, 제과제빵 타임 테이블, 제과제빵 공정 요약, 제과제빵 온도 요약, 팬닝 및 요구사항까지 공개문제에 나와 있는 내용들을 수험자 입장에서 보기 편하게 정리하였습니다.

또한 베이커리의 다양한 분야를 전공하는 대학생 및 제과 · 제빵을 처음 시작하는 분들, 베이커리업에 종사하는 전문가분들에게도 이 책이 유익하게 활용되었으면 좋겠습니다.

처음 책을 준비하면서 원고를 여러 번 수정했고, 영상촬영 및 제품 사진을 찍으면서 책을 만드는 데 많은 시간을 투자하고 집중해야 좋은 책이 나온다는 것을 느꼈습니다.

이 책을 출간하기 위해 여러 번의 테스트 및 다양한 준비를 하였으나, 부족한 부분이나 수정할 부분이 있다면 향후 재판 시 수정 보완하여 부족한 부분을 채워 나가겠습니다.

이 책이 출판될 수 있도록 도와주신 백산출판사 임직원분들께도 다시 한번 감사의 마음을 전합니다.

저자 일동

C O N T E N T S

목 차

제과제빵 이론

Chapter 2

제과 실기

Chapter 3

제빵 실기

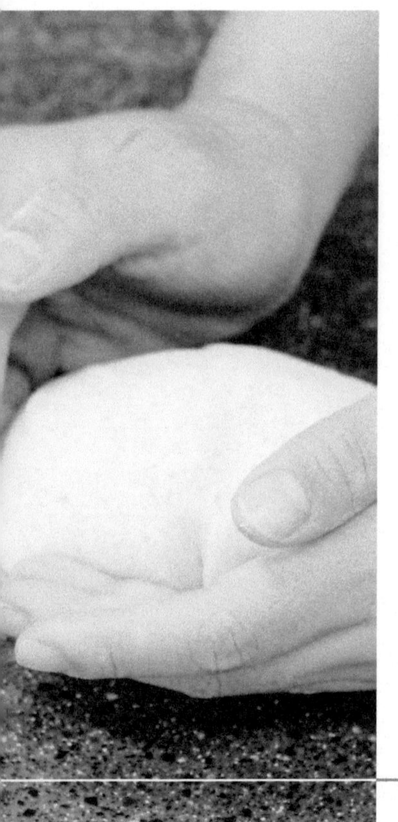

제과제빵기능사 실기

Chapter 1

제과제빵 **이론**

제과공정

◆

제과는 밀가루, 달걀, 설탕, 유지를 기본으로 해서 제조한다.
재료의 비율에 따라 제법과 팽창 형태, 굽는 방식이 달라지게 되며,
제법은 크게 반죽형, 거품형, 시퐁형, 복합형 제품으로 나뉜다.

1. **계량** – 계량 시 시간 내에 모든 재료를 계량해야 하며 손실이 생기지 않도록 하여 완료한다. 각 제품에 해당하는 재료만 계량하며, 소량의 재료는 오차 없이 계량해야 제품에 영향을 미치지 않는다.
2. **반죽** – 제법에 맞는 혼합 순서와 비중, 온도를 지켜 제조한다. 반죽의 텍스처가 제법에 적합하고, 분리되지 않게 혼합한다.
3. **정형/팬닝** – 제품 사이가 일정한 간격을 유지해야 하며, 종이 재단 시 정리가 잘 되어 있어야 한다. 제품 규격에 적절한 팬을 사용하며, 반죽과 팬닝 양을 요구사항대로 한다. 손실이 생겨서는 안 된다.
4. **굽기** – 굽기는 제품에 해당하는 온도와 시간을 정확하게 지켜야 일정한 맛을 유지할 수 있다. 타거나 설익지 않도록 주의한다.
5. **마무리** – 냉각 후 크림 등을 충전하여 제품 요구에 맞게 모양을 낸다.

반죽형

- 대표제품 : 파운드케이크, 머핀류, 과일케이크, 마들렌, 레이어케이크 등
- 유지의 크리밍성, 유화성을 이용한 반죽
- 화학적 팽창제를 이용한 방법
- 평균 비중 : 0.7~0.9

반죽형의 제법

1. 크림법(장점 : 부피가 좋고 큰 제품을 얻고자 할 때 사용)

유지와 설탕을 넣어 믹싱한다. 부피가 증가하면 달걀을 천천히 투입 후,

설탕이 용해될 때까지 부드러운 상태로 크림화해 준 뒤, 밀가루를 넣고 혼합한다. 가장 많이 사용하는 방법 중 하나이다.

2. 블렌딩법(장점 : 부드러운 제품을 얻고자 할 때 사용)

유지에 밀가루를 피복한 뒤, 건조 재료 이후 액체류를 넣고 혼합한다.
크림법에 비해 같은 양이라도 부피는 작다.

3. 1단계법(장점 : 시간과 노동의 절감)

순서에 맞게 재료들을 단순히 혼합해 주는 공정이다.
반죽 후 휴지시간이 필요할 수 있다.

4. 설탕/물법

많은 양을 생산할 때 사용하는 방법으로 소규모 제과점보다는 대형 제과 시설에서 주로 사용하는 방법이다.

거품형

- 대표제품 : 스펀지케이크, 카스텔라, 롤케이크, 엔젤푸드케이크 등
- 달걀 단백질의 기포성, 열응고성을 이용한 반죽
- 물리적 팽창(공기팽창)을 이용한 방법
- 평균 비중 : 0.45~0.55

거품형의 제법

1. 공립법(장점 : 시간 노동을 절감할 수 있다.)

- 더운 믹싱법(중탕법) : 달걀에 설탕이 용해될 때까지 43℃로 중탕하여 믹싱한다.
  색이 밝아지고, 부피가 증가하면 밀가루를 섞어준다.
  공기 포집이 빠르게 형성된다.
- 찬 믹싱법 : 달걀과 설탕을 섞은 뒤, 믹싱한다. 색이 밝아지고, 부피가 증가하면 밀가루를 섞어준다.
  기공이 탄력 있고, 간편하다.

2. 별립법(장점 : 탄력과 부피가 우수하다.)

- 노른자에 설탕 A를 넣어 거품을 낸다.(설탕을 충분히 용해한다.)
  흰자에 설탕 B를 나누어 넣고 머랭을 만든다.
  A에 머랭 1/3 투입 후 밀가루 혼합, 나머지 머랭 2회로 나누어 섞어준다.

시퐁형

- 대표제품 : 시퐁케이크
- 반죽형과 거품형인 머랭이 들어가 부드러우면서 탄력 있는 제품
- 복합팽창(화학적 팽창+공기팽창)

시퐁법의 제법

- 별립법과 같이 노른자, 흰자를 분리하되, 노른자 A를 1단계법으로 만들고 흰자 B에 설탕을 나누어 머랭으로 만든다.
- 반죽형 노른자 A에 밀가루를 먼저 섞은 후, 머랭을 2~3회 나누어 섞어준다.

복합형

- 대표제품 : 과일케이크, 치즈케이크
- 복합팽창(화학적 팽창+공기팽창)

복합형의 제법

- 유지와 설탕 1/2을 넣고 믹싱한다. 부피가 증가하면 노른자를 천천히 투입 후, 설탕이 용해될 때까지 부드러운 상태로 크림화해 준 뒤, 우유를 천천히 넣는다.
- 설탕 1/2과 흰자로 머랭을 만들어준다.
- 크림법 반죽에 머랭 1/3을 혼합 후, 체친 가루와 나머지 머랭을 2회로 나누어 섞어준다.

고율배합과 저율배합

고율배합 제품은 부드러움이 지속되어 저장성이 좋은 특징이 있다. 다량의 유지와 많은 양의 설탕을 용해시킬 액체의 양이 필요하므로 분리를 줄일 수 있는 유화쇼트닝이 적합하고, 수축의 원인을 줄이기 위하여 염소표백 밀가루를 사용하는 것이 좋다.

1. 반죽상태의 비교

항목	고율배합	저율배합	특징
공기혼입량	많다	적다	믹싱 중 공기포집 정도
화학팽창제 사용량	감소	증가	공기혼입량이 증가할수록 팽창제 사용량 감소
반죽의 비중	낮다	높다	비중이 낮을수록 가볍다.
굽기 온도	저온	고온	수분함량이 많을수록 저온에서 오래 굽는다.

:: 고율배합은 공기혼입량이 많으므로 팽창제 사용을 줄여야 과도한 팽창을 줄일 수 있다.
:: 고율배합은 저온장시간 굽는 오버베이킹(over baking)을 한다.
:: 저율배합은 고온단시간 굽는 언더베이킹(under baking)을 한다.

2. 배합비율량에 따른 비교

고율배합	저율배합
총액체류 > 설탕	총액체류 = 설탕
총액체류 > 밀가루	총액체류 ≤ 밀가루
설탕 ≥ 밀가루	설탕 ≤ 밀가루
계란 ≥ 쇼트닝	계란 ≥ 쇼트닝

3. 반죽의 비중

1) 같은 부피의 물무게에 대한 케이크반죽의 무게를 나타낸 수치이다.
2) 수치가 작을수록 비중이 낮고, 수치가 높을수록 비중이 높은 것이다.
3) 반죽형 케이크 적정비중: 0.8±0.05
4) 거품형 케이크 적정비중: 0.5±0.05

비중이 낮을 때	비중공식	비중이 높을 때
부피가 크다.	$\text{비중} = \dfrac{(\text{반죽}+\text{컵무게})-\text{컵무게}}{(\text{물}+\text{컵무게})-\text{컵무게}}$	부피가 작다.
기공이 열려 거칠고 큰 기포가 형성된다.		기공이 조밀하여 무거운 조직이 된다.

:: 제품별 비중 순서: 파운드케이크(0.85)>레이어케이크(0.75)>스펀지케이크(0.5)>엔젤푸드케이크(0.4)

4. 틀 부피 계산법

1) 원형팬

팬의 용적(㎤)=반지름×반지름×3.14×높이

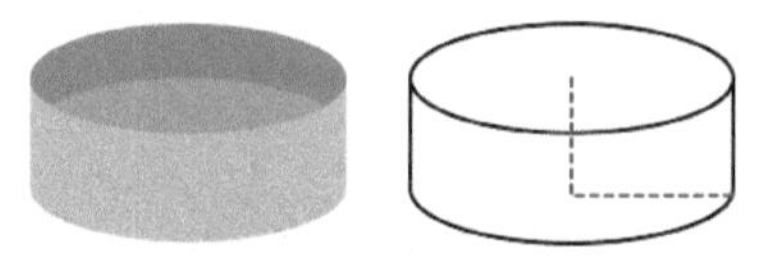

2) 옆면이 경사진 둥근 틀

팬의 용적(㎤)=평균반지름×평균반지름×3.14×높이

※(윗반지름+아래반지름)÷2=평균반지름

3) 옆면과 가운데 관이 경사진 원형 팬(엔젤팬)

팬의 용적(㎤)=바깥팬의 용적-안쪽팬의 용적

바깥평균 반지름×바깥평균 반지름×3.14×높이=바깥팬의 용적

안쪽평균 반지름×안쪽평균 반지름×3.14×높이=안쪽팬의 용적

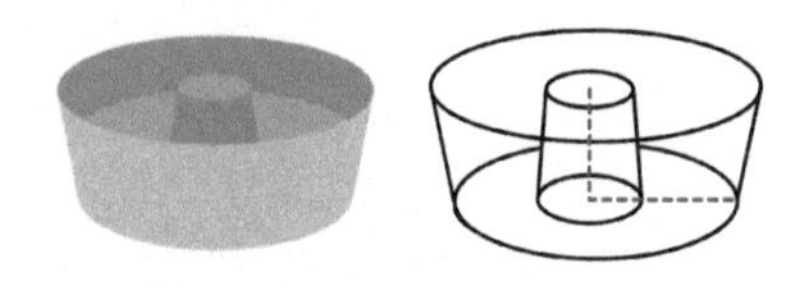

4) 옆면이 경사진 사각틀

팬의 용적(㎤)=평균가로×평균세로×높이

(아래가로+위가로)÷2=평균가로

(아래세로+위세로)÷2=평균세로

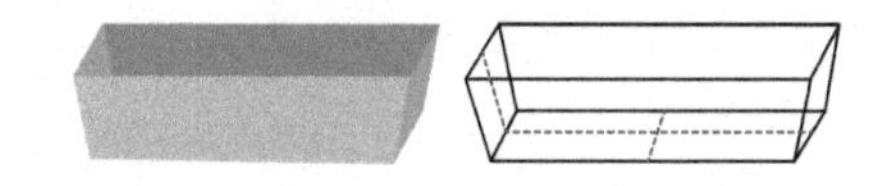

제빵공정

◆

밀가루, 이스트, 소금, 물을 주재료로 하여, 제품특성에 따라 유지, 달걀, 설탕 등을 첨가하고 발효하여 굽는 공정이다. 제품의 특성에 맞게 크기와 형태가 결정된다. 제법은 대부분 스트레이트법으로 이루어지며, 비상스트레이트법과 스펀지 도우법 등 다양한 제법이 있다.

계량

계량 시 시간 내에 모든 재료를 계량해야 하며 손실이 생기지 않도록 하여 완료한다. 각 제품에 해당하는 재료만 계량하며, 재료는 오차 없이 계량해야 제품에 영향을 미치지 않는다.

믹싱

POINT

글루텐을 만들어야 발효 시 형성되는 탄산가스, 알코올, 유기산물들이 빠져 나가지 않게 보호막을 만들어 준다.

밀가루를 포함한 그 외 건조재료, 이스트, 물과 달걀을 혼합하여 물리적인 힘에 의해 마찰열이 생겨, 글루텐을 형성하게 되는데 이것이 믹싱의 주목적이다. 각 제품에 해당하는 온도와 믹싱 단계를 정확하게 반죽해야 한다.

1. 픽업단계(pick-up)

유지를 제외한 전 재료를 한번에 투입하여, 한덩어리로 만드는 혼합단계이다.
글루텐 형성 전 상태로 끈적이는 단계이다.

2. 클린업단계(clean-up)

글루텐이 막 형성되는 단계로 쉽게 끊어지고 거칠다.
한덩어리로 합쳐지면 유지를 투입한다. 밀가루와 수분이 먼저 혼합된 이후 유지류를 넣어야 흡수율이 높아진다.

3. 발전단계(development)

반죽시간이 지나면 반죽온도가 상승하며, 글루텐이 발전되어 탄력성이 최대이며 신장성이 증가하는 단계이다.

4. 최종단계(final)

글루텐 신장성이 최대로 증가하며 반죽에서 최적의 상태이다.
탄력성과 신장성을 고루 갖춘 상태이다.
글루텐을 늘리면 얇게 늘어나며 찢어짐이 없다. 대부분의 빵류

5. 렛다운단계(let down)

오버믹싱단계이다.
반죽 탄력성이 사라지고 신장성만 최대인 상태이다.
비상스트레이트법 제품, 잉글리쉬 머핀, 햄버거번 등이 적합하다.

6. 브레이크다운단계(break down)

글루텐 파괴상태이므로 더이상 결합하지 못하는 상태이다.
더이상 제품을 만들 수 없다.

1차 발효

모든 제품은 적합한 온도와 습도로 적정시간을 발효시킬 때 최적의 상태에 도달할 수 있다. 1차 발효 완료점을 확인하는 방법은 다음과 같다.

조건
온도 : 27~35℃
습도 : 75~80%

- 처음 부피의 2~2.5배로 부풀었을 때
- 핑거 테스트로 눌러보았을 때, 자국이 그대로 남아 있을 때
- 밑부분 반죽을 찢어보았을 때 섬유질 그물망이 잘 이루어져 있을 때

분할

반죽 섬유질이 손상되지 않고, 지정된 무게의 편차 없이 숙련도 있게 분할해야 한다. 제품에 맞도록 지정된 시간 내에 분할할 수 있도록 한다.

- 큰 분할 10분 내외
- 작은 분할 20분 내외

둥글리기

끊어진 섬유질의 구조를 재정돈하면서 끈적거림을 제거한다.
과도한 덧가루로 인해 제품에 줄무늬가 생길 수 있다.
반죽 윗부분이 매끈하게 작업해야 한다.

중간발효

성형을 용이하게 하기 위해 다시 한번 가스를 발생시킨다.
발효가 끝난 반죽은 탄력성이 감소하고 끊어진 섬유질들이 다시 연결되어 신장성이 회복된다.
이로써 성형하기에 용이한 반죽이 완성된다.
반죽 적정시간 안에 표면이 건조하지 않도록 한다.

정형

정형 시 일정한 모양과 균형이 맞아야 완제품도 안정적이다. 정형작업 순서는 밀기, 말기, 봉하기 순으로 한다.

1. **밀기** – 밀면서 가스빼기를 해준다.
2. **말기** – 균일하게 말아준다.
3. **봉하기** – 이음매를 아래로 향하게 하고 단단히 말아준다.

팬닝

POINT

팬닝 적정온도 : 32℃

성형한 제품의 이음매를 아래로 향하게 하고 팬 이형제는 발연점이 낮은 것을 사용하여 제품의 껍질색에 영향을 미치면 안 된다.
팬닝 시, 제품의 간격을 일정하게 배열해야 한다.

2차 발효

POINT

조건
온도 : 35~38℃
습도 : 80~95%

모든 제품은 적합한 온도와 습도로 적정시간을 발효시킬 때 최적의 상태에 도달할 수 있다.
2차 발효 시에는 어린 반죽, 혹은 지친 반죽이 되지 않도록 주의해야 하며 완제품 부피를 기준으로 70% 수준까지 발효시킨다.

굽기

오버베이킹 : 낮은 온도에서 장시간 굽는 방식
언더베이킹 : 높은 온도에서 단시간 굽는 방식

제품에 맞는 온도를 통해 구워지게 되는데 이 과정에서 전분을 호화시키고, 껍질의 색과 향을 낸다.
굽기는 제품에 해당하는 온도와 시간을 정확하게 지켜야 일정한 맛을 유지할 수 있다. 타거나 설익지 않도록 주의해야 한다.

반죽의 온도

- 반죽의 온도는 평균 27℃로 맞춰야 이스트가 활성하는 데 알맞다.
- 반죽의 온도가 높으면 발효 속도가 촉진되고 반죽온도가 낮으면 속도가 지연된다.
- 밀가루, 물의 온도, 작업실 온도에 따라 반죽온도가 변화한다. 온도조절이 가장 쉬운 물로 반죽온도를 조절할 수 있다.

1. 제빵법에 따른 적합한 반죽온도

① 스트레이트법: 27℃

② 비상스트레이트법: 30℃

③ 스펀지도우법: 스펀지 24℃, 도우 27℃

④ 액체발효법: 액종온도 30℃

⑤ 냉동반죽법: 20℃

2. 스트레이트법에서의 반죽온도 계산

① 마찰계수: (결과온도×3)-(실내온도+밀가루온도+수돗물온도)

② 사용할 물온도: (희망온도×3)-(실내온도+밀가루온도+마찰계수)

③ 얼음 사용량: $\frac{\text{물사용량} \times (\text{수돗물온도} - \text{사용할 물온도})}{80 + \text{수돗물온도}}$

3. 스펀지 도우법에서의 반죽온도 계산

① 마찰계수: (결과온도×4)-(실내온도+밀가루온도+수돗물온도+스펀지온도)

② 사용할 물온도: (희망온도×4)-(실내온도+밀가루온도+마찰계수+스펀지온도)

③ 얼음 사용량: $\frac{\text{물사용량} \times (\text{수돗물온도} - \text{사용할 물온도})}{80 + \text{수돗물온도}}$

∷ 실내온도: 작업실온도

수돗물온도: 반죽에 사용한 물의 온도

결과온도: 반죽이 종료된 후 반죽온도

마찰계수: 반죽하는 중 마찰에 의해 상승된 온동

희망온도: 반죽 후 원하는 결과온도

4. 기본값을 계산하는 방법(유럽빵에 적용)

바게트 기본수치 : 62~66

TB : 64 = 물온도+작업장온도+밀가루온도

예) 64 = ??+작업장 23℃+밀가루 22℃ = 물온도 19℃ 필요

크루아상 기본수치 : 46~50

TB : 48 = 물온도+작업장온도+밀가루온도

예) 48 = ??+작업장 23℃+밀가루 22℃ = 물온도 3℃ 필요

브리오슈 기본수치 48~52

TB : 50 = 물온도+작업장온도+밀가루온도

예) 50 = ??+작업장 23℃+밀가루 22℃ = 물온도 5℃ 필요

기능사품목 기본수치 57~59

TB : 57 = 사용할 물온도+작업장온도+밀가루온도

예) 57 = ??+작업장 23℃+밀가루 22℃ = 물온도 12℃ 필요

비상, 통밀, 호밀빵 기본수치 62~64

TB : 62 = 사용할 물온도+작업장온도+밀가루온도

예) 62 = ??+작업장 23℃+밀가루 22℃ = 물온도 17℃ 필요

제과공정 요약

파운드케이크	크림법 (버터+설탕/달걀)	23℃, 비중 075~0.8, 충분한 크림화, 칼집 내기
초코머핀		24℃, 반죽 분리주의, 팬닝 정확히, 초코칩 섞기
마데라(컵)케이크		24℃, 반죽 분리주의, 팬닝 정확히, 퐁당 바르기
타르트		20℃, 반죽 : 설탕유지 / 크림 : 설탕용해
버터쿠키		22℃, 설탕유지, 반죽두께, 팬닝 간격주의
쇼트브레드쿠키		20℃, 설탕 30% 유지, 반죽두께, 팬닝 간격주의
시퐁케이크	복합법 (반죽형+거품형)	23℃, 비중 0.4, 설탕 충분히 용해, 머랭 오버런 주의
과일케이크		23℃, 설탕 나누기, 전처리 과일, 팬닝 양 확인
치즈케이크		22℃, 비중 0.65, 머랭 80%, 굽기 시 증기 빠지지 않게
버터스펀지케이크	공립법 (전란+설탕+중탕)	25℃, 비중 0.55, 용해버터 준비
젤리롤케이크		23℃, 비중 0.45, 굽기 시 주의
초코롤케이크		24℃, 비중 0.45, 껍질에 가나슈 바르기
흑미롤케이크		25℃, 비중 0.45, 껍질에 생크림 바르기
버터스펀지케이크	별립법 (노른자+설탕/머랭)	23℃, 비중 0.55, 머랭 오버런 주의
소프트롤케이크		22℃, 비중 0.55, 굽기 시 주의
호두파이	블렌딩법 (유지+밀가루)	유지 피복, 균일한 두께, 충전물 준비
브라우니	1단계법	27℃, 설탕 용해, 초콜릿이 굳기 전 팬닝 굽기
마드레느(마들렌)		24℃, 용해버터 준비, 충분한 휴지
다쿠와즈	머랭법	머랭 휘핑 중요, 가루 가볍게 섞기, 분당 뿌리기
슈	익반죽법	충분한 호화, 달걀반죽 조절, 팬닝 간격주의, 분무, 오븐주의

제빵공정 요약

제품	제조법	주의사항
우유식빵	스트레이트법	반죽 잘 찢어짐, 껍질색 빨리 남
풀만식빵	스트레이트법	2차 발효 후 뚜껑 닫고 실온 발효, 굽기 충분히
버터톱식빵	스트레이트법	원로프 균형있게 말기, 버터 짠 부분 타지 않게 굽기
옥수수식빵	스트레이트법	믹싱 80%, 정형작업 시 주의, 굽기 진하지 않게
밤식빵	스트레이트법	발효속도 빠름, 충전용 밤 균일, 굽기 시 주의
쌀식빵	스트레이트법	과믹싱 주의, 반죽온도 체크, 산형식빵
호밀빵	스트레이트법	정형작업 시 주의, 2차 발효 충분히
모카빵	스트레이트법	건포도 으깨지지 않게, 토핑 두께 조절
통밀빵	스트레이트법	오트밀 옆까지 묻히기, 2차 발효 조건에서 충분히
크림빵	스트레이트법	타원형 길게 밀기, 칼집 정확히, 굽기 시 얼룩 없이 굽기
소보로빵	스트레이트법	토핑 크림화 과믹싱 금지, 토핑 옆면까지 묻히기
단과자빵	스트레이트법	성형 시 끈적이지 않게, 2차 발효 충분히
버터롤	스트레이트법	성형 균일하게, 2차 발효 충분히, 굽기 언더베이킹
소시지빵	스트레이트법	소시지 반죽 균일하게 싸기, 토핑
스위트롤	스트레이트법	균일하게 밀기, 롤링 타이트하게, 2차 습도 과하지 않게
그리시니	스트레이트법	세게 눌러 늘리지 않기, 굽기 시 휘어짐 주의
베이글	스트레이트법	성형 시 구멍 작지 않도록, 오래 데치지 않기
빵도넛	스트레이트법	믹싱 짧게, 과발효 주의, 기름온도 체크
식빵	비상스트레이트법	30℃, 믹싱 길게, 발효시간 짧게
단팥빵	비상스트레이트법	30℃, 믹싱 길게, 발효시간 짧게, 2차 발효 충분히

제과온도 요약

버터쿠키	180/150	12min
브라우니	160/150	50min
파운드케이크	170/170	60min
초코롤케이크	190/160	12min
다쿠와즈	190/170	15min
슈		20min
호두파이	180/170	30min
사과파이		30min
과일케이크	170/160	40min
치즈케이크		50min
흑미롤케이크	190/150	20min
쇼트브레드쿠키		12min
소프트롤케이크(별)		20min
젤리롤케이크(공)		20min
버터스펀지케이크(공)	180/160	25min
버터스펀지케이크(별)		25min
마드레느(마들렌)		20min
타르트		25min
초코머핀		25min
마데라(컵)케이크		25min
시퐁케이크		30min

제빵온도 요약

<table>
<tr><th></th><th></th><th></th></tr>
<tr><td>빵도넛</td><td>180~185</td><td>03min</td></tr>
<tr><td>그리시니</td><td>190/150</td><td>13min</td></tr>
<tr><td>풀만식빵</td><td>190/190</td><td>35min</td></tr>
<tr><td>베이글</td><td rowspan="3">180/160</td><td>20min</td></tr>
<tr><td>스위트롤</td><td>15min</td></tr>
<tr><td>모카빵</td><td>30min</td></tr>
<tr><td>단과자빵</td><td rowspan="2">200/150</td><td>12min</td></tr>
<tr><td>버터롤</td><td>12min</td></tr>
<tr><td>단팥빵(비상)</td><td rowspan="3">200/160</td><td>13min</td></tr>
<tr><td>소시지빵</td><td>13min</td></tr>
<tr><td>크림빵</td><td>13min</td></tr>
<tr><td>소보로빵</td><td rowspan="3">190/160</td><td>13min</td></tr>
<tr><td>통밀빵</td><td>20min</td></tr>
<tr><td>호밀빵</td><td>30min</td></tr>
<tr><td>쌀식빵</td><td rowspan="6">180/190</td><td>30min</td></tr>
<tr><td>식빵(비상)</td><td>30min</td></tr>
<tr><td>옥수수식빵</td><td>30min</td></tr>
<tr><td>버터톱식빵</td><td>30min</td></tr>
<tr><td>우유식빵</td><td>30min</td></tr>
<tr><td>밤식빵</td><td>35min</td></tr>
</table>

제과 팬닝 요구사항 요약

마데라(컵)케이크
초코머핀

머핀팬 24개 1판
또는 호일컵 20개
전량 제출

치즈케이크

비중컵 20개
전량 제출

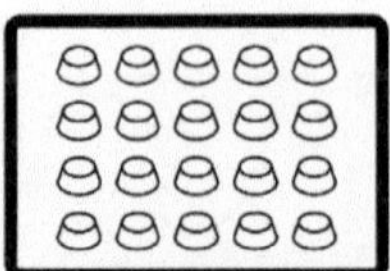

버터스펀지케이크(공)
버터스펀지케이크(별)

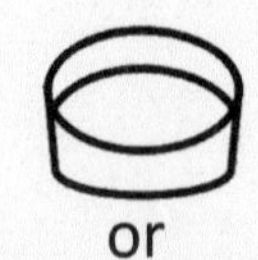

제시한 팬 사용
원형 3호 4개/평철판 1개
전량 제출

버터쿠키

8자, 장미 모양 1판씩
총 2판, 전량 제출

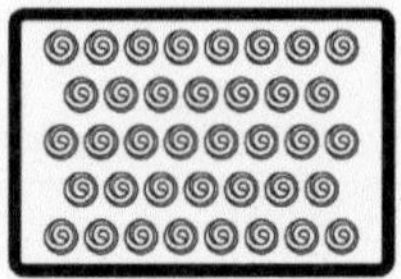

파운드케이크
과일케이크

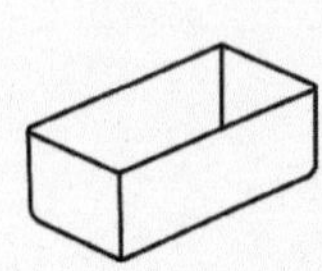

제시한 팬 사용
원형 3호 4개/평철판 1개
전량 제출

쇼트브레드쿠키

제시한 정형기 사용
2판 전량 제출

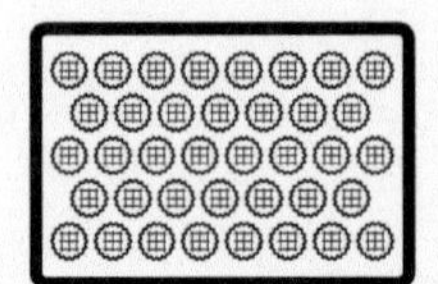

젤리롤케이크
소프트롤케이크

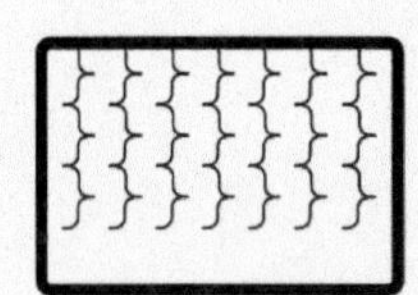

평철판 1판
전량 제출

마드레느(마들렌)

마들렌 팬 2판
전량 제출

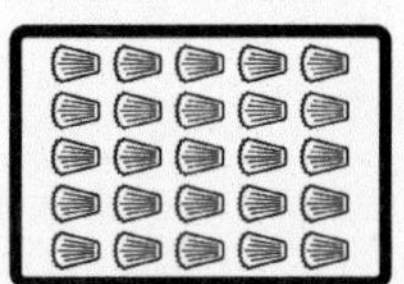

초코롤케이크
흑미롤케이크

평철판 1판
전량 제출

다쿠와즈

다쿠와즈 틀 사용 2판
전량 제출

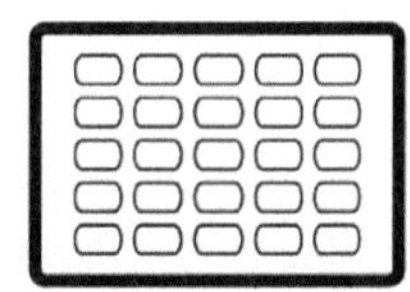

슈

평철판 2판
전량 제출

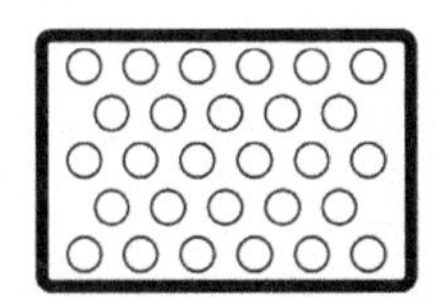

호두파이

제시한 팬 7개
2판 전량 제출

시퐁케이크

시퐁팬 4개
전량 제출

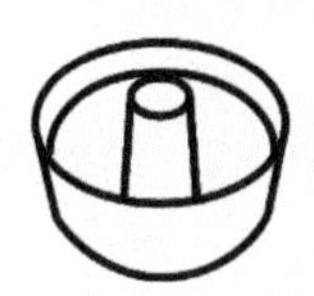

브라우니

3호팬 2개
전량 제출

타르트

타르트팬 8개

제빵 팬닝 요구사항 요약

크림빵

충전 12개, 비충전 12개
완제품 24개, 총 2판
나머지 제출

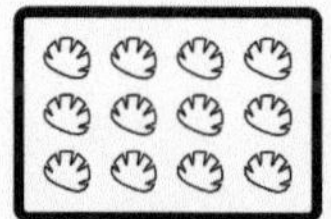

식빵/우유식빵
옥수수식빵/쌀식빵

삼봉형, 완제품 4개
전량 제출

단과자(트위스트)

8자형, 달팽이형 2가지
완제품 24개, 총 2판
나머지 제출

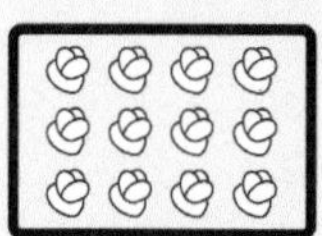

버터톱식빵/밤식빵

원로프, 완제품 5개
전량 제출

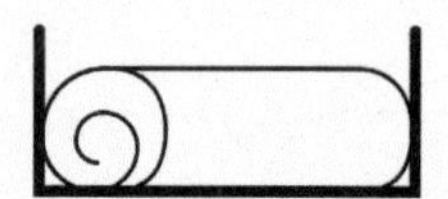

소시지빵

낙엽, 꽃모양 2가지
완제품 12개, 총 2판
나머지 제출

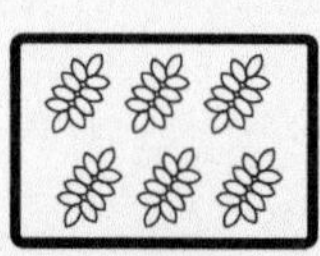

풀만식빵

삼봉형, 완제품 4개
전량 제출

스위트롤

야자잎 12개, 트리플 9개
완제품 21개, 총 2판
나머지 제출

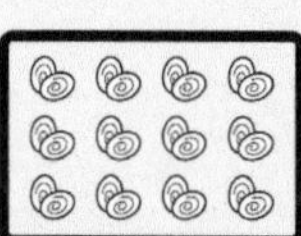

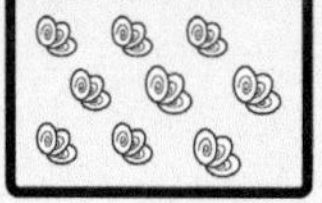

그리시니

완제품 40개, 총 4판
전량 제출

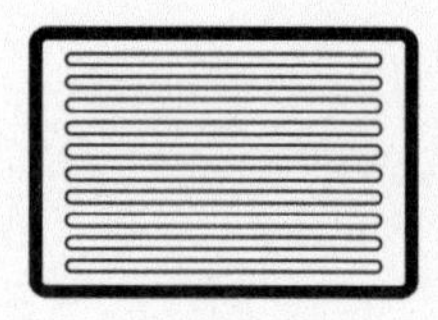

단팥빵

완제품 48개
총 4판
전량 제출

소보로빵

완제품 24개
총 2판
나머지 제출

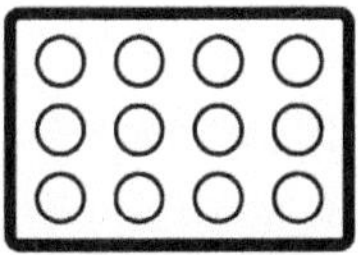

베이글

완제품 16개, 총 2판
전량 제출

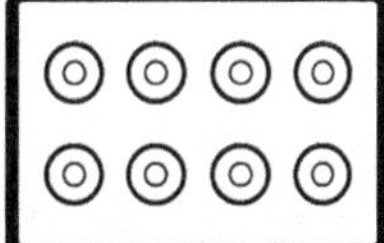

버터롤

완제품 24개
총 2판
나머지 제출

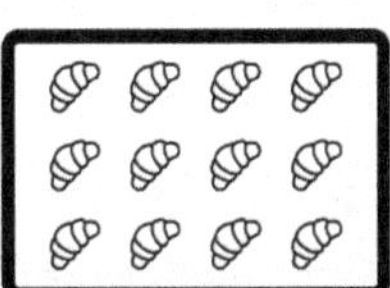

호밀빵

완제품 6개, 총 2판
전량 제출

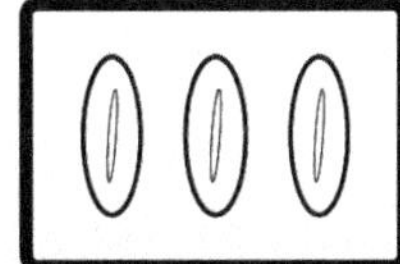

모카빵

완제품 6개, 총 2판
전량 제출

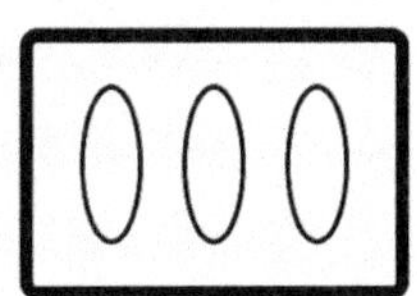

빵도넛

8자형, 꽈배기형 2가지
완제품 48개, 총 4판
전량 제출

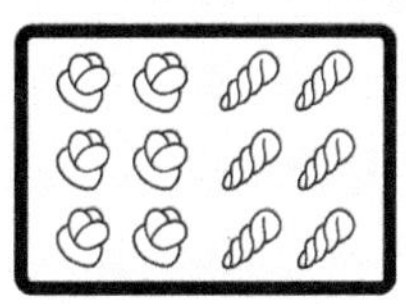

통밀빵

완제품 8개, 총 2판
나머지 제출

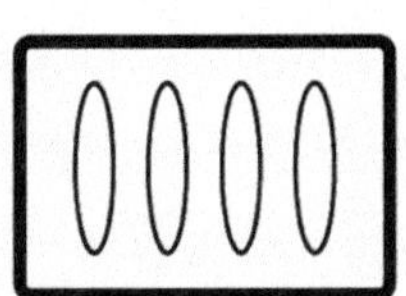

제과제빵기능사 실기

Chapter 2

제과 실기

버터스펀지케이크(공립법)

1시간 50분

요구사항

요구사항제법 : 공립법

버터스펀지케이크(공립법)를 제조하여 제출하시오.

1. 배합표의 각 재료를 계량하여 재료별로 진열하시오(6분).
2. 반죽은 공립법으로 제조하시오.
3. 반죽온도는 25℃를 표준으로 하시오.
4. 반죽의 비중을 측정하시오.
5. 제시한 팬에 알맞도록 분할하시오.
6. 반죽은 전량을 사용하여 성형하시오.

- 재료 계량(재료당 1분) → [감독위원 계량 확인] → 작품 제조 및 정리정돈(전체 시험시간–재료 계량시간)
- 재료 계량시간 내에 계량을 완료하지 못하여 시간이 초과된 경우 및 계량을 잘못한 경우는 추가의 시간 부여 없이 작품 제조 및 정리정돈 시간을 활용하여 요구사항의 무게대로 계량
- 달걀의 계량은 감독위원이 지정하는 개수로 계량

재료명	비율(%)	무게(g)
박력분	100	500
설탕	120	600
달걀	180	900
소금	1	5(4)
바닐라향	0.5	2.5(2)
버터	20	100
계	421.5	2,107.5 (2,106)

0. 준비

① 요구사항 체크, 박력분 + 바닐라향 체치기, 오븐 예열, 팬닝 준비, 버터 녹이기

1. 반죽(요구사항 : 25℃)(큰 볼, 손거품기)

① 거품기로 달걀 먼저 풀어주고 소금+설탕 한번에 투입 후 45℃로 중탕한다.
- 데워진 물에 버터를 넣어 35~40℃에서 용해시킨 후 온도를 유지한다.

② 기계믹싱, 고속믹싱으로 부피 충분히 올리고 저속으로 1분 후 마무리한다
- 휘핑 후 멈췄을 때 결이 유지되어야 하며, 부피가 3~4배 증가해야 한다.

③ ②에 체친 가루 한번에 넣고, 아래에서 위로 끌어올리듯 털면서 빠르게 혼합한다.

④ 용해버터와 반죽의 일부를 넣고 매끈하게 혼합한 뒤, 이 버터 반죽을 ③에 넣어서 혼합한다.
- 거품보다 무거운 용해버터는 가라앉기 쉬우므로 주의한다.

2. 비중 재기(요구사항 : 0.5±0.05)

① 비중컵 물무게 측정

3. 팬닝하기

① 원형 틀의 50%까지 팬닝 후 기포를 균일화한다.
- 팬닝한 반죽을 주걱의 앞뒷면에 묻혀 덜어준다. 팬을 바닥에 쳐준다.

4. 굽기

① 180/160℃ 25분(+5) 굽기(철판 없이 틀째로 넣기)
- 완료시점은 눌러서 탄력이 있을 때와 재단한 종이가 주름지면 된다.

5. 평가 및 원인

① 팬닝 일정, 부피 균일, 내상 균일

버터스펀지케이크(별립법)

1시간 50분

요구사항

요구사항제법 : 별립법

버터스펀지케이크(별립법)를 제조하여 제출하시오.

1. 배합표의 각 재료를 계량하여 재료별로 진열하시오(8분).
2. 반죽은 별립법으로 제조하시오.
3. 반죽온도는 23℃를 표준으로 하시오.
4. 반죽의 비중을 측정하시오.
5. 제시한 팬에 알맞도록 분할하시오.
6. 반죽은 전량을 사용하여 성형하시오.

- ◆ 재료 계량(재료당 1분) → [감독위원 계량 확인] → 작품 제조 및 정리정돈(전체 시험 시간–재료 계량시간)
- ◆ 재료 계량시간 내에 계량을 완료하지 못하여 시간이 초과된 경우 및 계량을 잘못한 경우는 추가의 시간 부여 없이 작품 제조 및 정리정돈 시간을 활용하여 요구사항의 무게대로 계량
- ◆ 달걀의 계량은 감독위원이 지정하는 개수로 계량

재료명	비율(%)	무게(g)
박력분	100	600
설탕(A)	60	360
설탕(B)	60	360
달걀	150	900
소금	1.5	9(8)
베이킹파우더	1	1
바닐라향	0.5	3(2)
용해버터	25	150
계	398	2,388 (2,386

0. 준비

① 요구사항 체크, 가루재료 체치기, 오븐 예열, 팬닝 준비, 중탕 준비, 달걀 분리

1. 반죽(요구사항 : 23℃)

① 노른자 반죽(손믹싱)
- 큰 볼에 노른자를 충분히 풀어준다.
- 설탕A 1/2+소금 넣고 밝은색이 날 때까지 믹싱한다.

② 흰자머랭(기계믹싱)
- 흰자를 고속으로 살짝 거품을 내준 뒤, 설탕B 1/2을 넣고 믹싱한다.
- 설탕을 2번에 나누어 넣는다.

③ 노른자 반죽에 머랭 1/3 덜어 거품기로 혼합한다.
- 처음에 넣는 머랭은 가루가 잘 혼합될 수 있는 역할을 한다.
- 마지막 머랭은 부피의 역할을 한다.

④ ③에 체친 가루를 혼합한다.

⑤ 용해버터(35~40℃)에 반죽의 일부를 혼합하여 섞어준다.
- 용해버터를 미리 준비해 둔다.

⑥ 남은 머랭을 2회로 나누어 혼합한다.

Tip 노른자 반죽 시 설탕을 조금씩 나누어 넣으면서 색이 밝아지면서 부피가 증가하고 설탕이 완전히 녹으면 완료한다. 케이크는 설탕이 충분히 녹아야 밀단백질 연화, 껍질색, 공기 포집의 역할을 하므로 설탕을 잘 녹여야 한다.

2. 비중 재기(요구사항 : 0.5±0.05)

① 비중컵 물무게 측정

3. 팬닝하기

① 원형 틀의 50%까지 팬닝 후 기포를 균일화한다.
- 팬닝한 반죽을 주걱의 앞뒷면에 묻혀 덜어준다. 팬을 바닥에 쳐준다.

4. 굽기

① 170/160℃ 25분(+5) 굽기(철판 없이 틀째로 넣기)
- 완료시점은 눌러서 탄력이 있을 때와 재단한 종이가 주름지면 된다.

5. 평가 및 원인

① 재료 혼합 시 섞는 부분이 과하면 글루텐 형성으로 비중이 높게 나오고, 완제품이 무겁게 나온다.

시퐁케이크

1시간 40분

요구사항

요구사항제법 : 시퐁법

시퐁케이크를 제조하여 제출하시오.

❶ 배합표의 각 재료를 계량하여 재료별로 진열하시오(8분).
❷ 반죽은 시퐁법으로 제조하고 비중을 측정하시오.
❸ 반죽온도는 23℃를 표준으로 하시오.
❹ 시퐁팬을 사용하여 반죽을 분할하고 구우시오.
❺ 반죽은 전량을 사용하여 성형하시오.

- 재료 계량(재료당 1분) → [감독위원 계량 확인] → 작품 제조 및 정리정돈(전체 시험 시간–재료 계량시간)
- 재료 계량시간 내에 계량을 완료하지 못하여 시간이 초과된 경우 및 계량을 잘못한 경우는 추가의 시간 부여 없이 작품 제조 및 정리정돈 시간을 활용하여 요구사항의 무게대로 계량
- 달걀의 계량은 감독위원이 지정하는 개수로 계량

재료명	비율(%)	무게(g)
박력분	100	400
설탕(A)	65	260
설탕(B)	65	260
달걀	150	600
소금	1.5	6
베이킹파우더	2.5	10
식용유	40	160
물	30	120
계	454	1,816

0. 준비

① 요구사항 체크, 가루재료 체치기, 오븐 예열, 팬닝 준비(분무), 달걀 분리

1. 반죽(요구사항 : 23℃)

① 노른자 반죽(손믹싱)
- 큰 볼에 노른자를 풀어준다. 소금+설탕A를 넣고 혼합한다.
- 식용유를 넣고 섞어준다. 물을 천천히 부어 설탕을 완전히 용해한다.

② 흰자머랭(기계믹싱)
- 설탕을 2번에 나누어 넣는다.

③ 노른자 반죽에 머랭 1/3 덜어 거품기로 혼합한다.
④ ③에 체친 가루를 혼합한다.
⑤ 남은 머랭 2회로 나누어 혼합한다.

Tip 처음에 넣은 머랭은 가루가 잘 혼합될 수 있게 베이스 역할을 한다.
마지막 단계에 넣는 머랭은 부피의 역할을 한다.

2. 비중 재기(요구사항 : 0.45±0.05)

① 비중컵 물무게 측정

3. 팬닝하기

① 전용팬에 이형제(물)를 분무하여 뒤집어 놓는다.
② 반죽을 작은 볼에 덜어 반죽을 높이 들어 부으며 팬을 돌려준다.
③ 60%까지 팬닝해 준 뒤, 기둥을 잡고 바닥에서 흔들어 편평하게 한다.

4. 굽기

① 180/160℃ 30분(+5) 굽기(철판 없이 틀째로 넣기)
- 기둥에 붙어 있는 반죽이 갈변될 때까지 구워준다.

5. 평가 및 원인

① 섞는 방법 체크 및 굽기 후 제품을 뒤집어서 냉각

Tip 별립법과의 차이
별립법과 시퐁법은 노른자 반죽 방법에 차이가 있다.
별립법은 노른자 반죽을 할 때 거품을 내어 부피를 증가시켜 볼륨감을 형성하게 한다.
시퐁법은 노른자 반죽을 할 때 거품을 내지 않도록 식용유를 넣어 볼륨감보단 부드러움을 형성하게 한다.

젤리롤케이크

1시간 30분

요구사항

요구사항제법 : 공립법

젤리롤케이크를 제조하여 제출하시오.

❶ 배합표의 각 재료를 계량하여 재료별로 진열하시오(8분).
❷ 반죽은 공립법으로 제조하시오.
❸ 반죽온도는 23℃를 표준으로 하시오.
❹ 반죽의 비중을 측정하시오.
❺ 제시한 팬에 알맞도록 분할하시오.
❻ 반죽은 전량을 사용하여 성형하시오.
❼ 캐러멜 색소를 이용하여 무늬를 완성하시오 (무늬를 완성하지 않으면 제품 껍질 평가 0점 처리).

◆ 재료 계량(재료당 1분) → [감독위원 계량 확인] → 작품 제조 및 정리정돈(전체 시험시간–재료 계량시간)
◆ 재료 계량시간 내에 계량을 완료하지 못하여 시간이 초과된 경우 및 계량을 잘못한 경우는 추가의 시간 부여 없이 작품 제조 및 정리정돈 시간을 활용하여 요구사항의 무게대로 계량
◆ 달걀의 계량은 감독위원이 지정하는 개수로 계량

재료명	비율(%)	무게(g)
박력분	100	400
설탕	130	520
달걀	170	680
소금	2	8
물엿	8	32
베이킹파우더	0.5	2
우유	20	80
바닐라향	1	4
계	431.5	1,726
(※ 충전용 재료는 계량시간에서 제외)		
잼	50	200

0. 준비

① 요구사항 체크, 가루재료 체치기, 오븐 예열, 평철판 재단, 중탕 준비, 짤주머니

1. 반죽(요구사항 : 23℃)

① 큰 볼에 달걀을 풀어준다.
② 설탕, 소금, 물엿을 한번에 넣고 풀어준 뒤, 45℃로 중탕한다.
③ 고속믹싱으로 부피를 충분히 올리고 저속으로 1분 후 마무리한다.
④ ③에 체친 가루재료를 넣고, 아래에서 위로 빠르게 혼합한다.
⑤ 데운 우유와 반죽의 일부를 넣고 매끈하게 혼합한 뒤, 우유반죽을 혼합한다.

Tip 데워진 물 위로 우유를 35℃로 유지시킨다.
휘핑 후 멈췄을 때 결이 유지되야 하며, 부피가 3~4배 증가해야 한다.

2. 비중 재기(요구사항 : 0.5±0.05)

① 비중컵 물무게 측정

3. 팬닝하기

① 종이 재단한 팬에 반죽을 소량 제외하고 전량 부어준다.

4. 무늬내기

① 반죽 일부 + 캐러멜색소 혼합하여 짤주머니에 담아 무늬를 내어준다.
② 온도계 뒷부분 및 젓가락을 이용하여 마블링한다.

5. 굽기

① 190/150℃ 20분(+5) 굽기
• 너무 오래 구우면 롤링이 되지 않는다.

6. 냉각 및 말기

① 뜨거운 것이 살짝 식으면 겉이 마르지 않게 식혀준다.
② 종이에 식용유를 바르고 그 위에 올려놓는다.
③ 충전용 잼을 전량 골고루 발라주되 이음매 쪽은 적게 바른다.(밀림 방지)
④ 앞쪽에 자국을 내고, 밀대를 이용하여 말아 고정한 후 종이를 제거한다.

Tip 너무 뜨거울 때 말거나 종이의 기름이 부족하면 껍질이 떨어져 나간다.

7. 평가 및 원인

① 비중이 가벼울 때(0.5 이하)
② 오버 베이킹(너무 오래 구워 수분 없음)
③ 반죽양이 많을 때 젤리롤은 비중이 너무 낮아 과부피가 되어 터질 수 있음

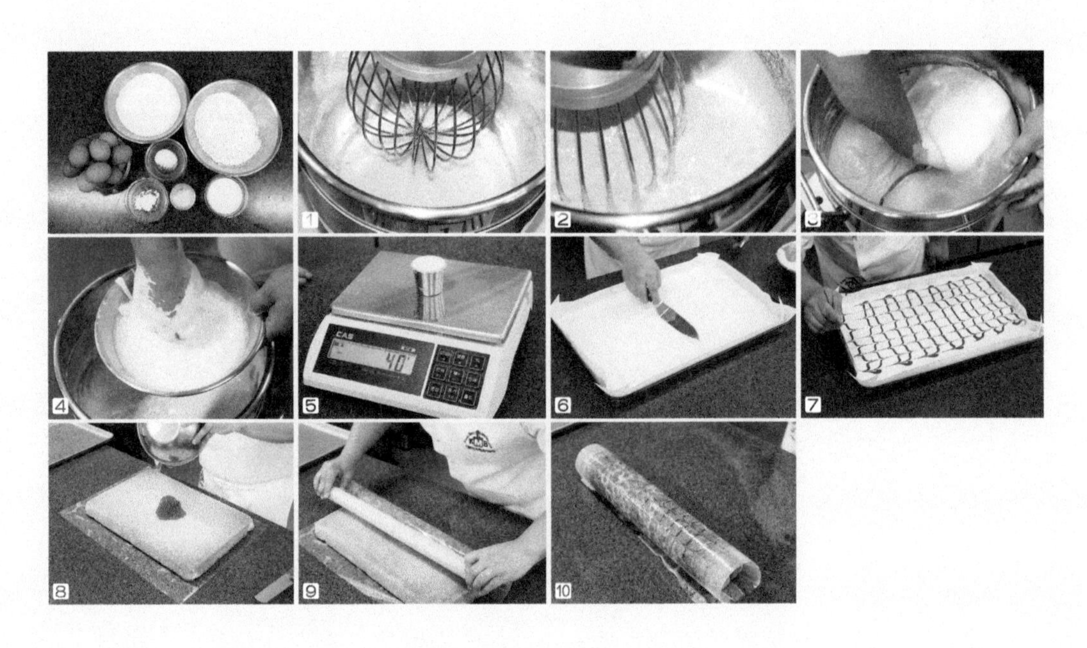

소프트롤케이크

1시간 50분

요구사항

요구사항제법 : 반죽 별립법

소프트롤케이크를 제조하여 제출하시오.

1. 배합표의 각 재료를 계량하여 재료별로 진열하시오(10분).
2. 반죽은 별립법으로 제조하시오.
3. 반죽온도는 22℃를 표준으로 하시오.
4. 반죽의 비중을 측정하시오.
5. 제시한 팬에 알맞도록 분할하시오.
6. 반죽은 전량을 사용하여 성형하시오.
7. 캐러멜 색소를 이용하여 무늬를 완성하시오
   (무늬를 완성하지 않으면 제품 껍질 평가 0점 처리).

- 재료 계량(재료당 1분) → [감독위원 계량 확인] → 작품 제조 및 정리정돈(전체 시험시간-재료 계량시간)
- 재료 계량시간 내에 계량을 완료하지 못하여 시간이 초과된 경우 및 계량을 잘못한 경우는 추가의 시간 부여 없이 작품 제조 및 정리정돈 시간을 활용하여 요구사항의 무게대로 계량
- 달걀의 계량은 감독위원이 지정하는 개수로 계량

재료명	비율(%)	무게(g)
박력분	100	250
설탕(A)	70	175(176
물엿	10	25(26)
소금	1	2.5(2)
물	20	50
바닐라향	1	2.5(2)
설탕(B)	60	150
달걀	280	700
베이킹파우더	1	2.5(2)
식용유	50	125(126
계	593	1,482.5 (1,484
(※ 충전용 재료는 계량시간에서 제외)		
잼	80	200

0. 준비

① 가루재료 체치기, 오븐 예열, 평철판 재단, 달걀 분리, 짤주머니

1. 반죽(요구사항 : 22℃)

① 노른자 반죽(손믹싱)
- 큰 볼에 노른자를 충분히 풀어준다.
- 설탕A 1/2 + 소금 넣고 밝은색이 날 때까지 믹싱한다.

② 흰자머랭(기계믹싱)
- 흰자를 고속으로 거품을 내준 뒤, 설탕B 1/2을 넣고 믹싱한다.
- 설탕을 2번에 나누어 넣는다.

③ 노른자 반죽에 머랭 1/3을 덜어 혼합한다.
④ ③에 체친 가루를 혼합한다.
⑤ 식용유에 반죽의 일부를 혼합하여, 본반죽에 넣고 섞어준다.
⑥ 남은 머랭을 2회로 나누어 혼합한다.

Tip 처음에 넣는 머랭은 가루가 잘 혼합될 수 있는 역할을 한다. 마지막 단계에 넣는 머랭은 제품의 부피 역할을 한다.

2. 비중 재기(요구사항 : 0.45±0.05)

① 비중컵 물무게 측정

3. 팬닝하기

① 종이 재단한 팬에 반죽을 소량 제외하고 전량 부어준다.

4. 무늬내기(요구사항)

① 반죽 일부 + 캐러멜색소 혼합하여 짤주머니에 담아 무늬를 내어준다.
② 온도계 뒷부분 및 젓가락을 이용하여 마블링한다.

5. 굽기

① 190/150℃ 20분(+5) 굽기
- 너무 오래 구우면 롤링이 되지 않는다.

6. 냉각 및 말기

① 뜨거운 것이 살짝 식으면 겉이 마르지 않게 비닐을 덮어 식혀준다.
② 면포를 충분히 적시고 그 위에 무늬가 맞닿게 올려놓는다.
③ 충전용 잼을 계량하여 전량 부어 골고루 발라주되 롤 이음매 쪽으론 적게 바른다.
④ 앞쪽에 자국을 내고, 전용밀대를 이용하여 말아준 뒤, 잠시 고정한 후 면포를 제거한다.

Tip 너무 뜨거울 때 말거나 면포의 수분이 부족하면 껍질이 떨어져 나간다.

7. 평가 및 원인

① 롤케이크 터지는 이유
② 비중이 가벼울 때(0.5 이하로 떨어짐)
③ 오버 베이킹(너무 오래 구워 수분감 없음)

초코롤케이크

1시간 50분

요구사항

요구사항제법 : 반죽 공립법 / 충전물 가나슈 제

초코롤케이크를 제조하여 제출하시오.

1. 배합표의 각 재료를 계량하여 재료별로 진열하시오(7분).
2. 반죽은 공립법으로 제조하시오.
3. 반죽온도는 24℃를 표준으로 하시오.
4. 반죽의 비중을 측정하시오.
5. 제시한 철판에 알맞도록 팬닝하시오.
6. 반죽은 전량을 사용하시오.
7. 충전용 재료는 가나슈를 만들어 제품에 전량 사용하시오.
8. 구운 시트 윗면에 가나슈를 바르고, 원형이 잘 유지되도록 말아 제품을 완성하시오(반대방향으로 롤을 말면 성형 및 제품평가 해당항목 감점).

- 재료 계량(재료당 1분) → [감독위원 계량 확인] → 작품 제조 및 정리정돈(전체 시험시간-재료 계량시간)
- 재료 계량시간 내에 계량을 완료하지 못하여 시간이 초과된 경우 및 계량을 잘못한 경우는 추가의 시간 부여 없이 작품 제조 및 정리정돈 시간을 활용하여 요구사항의 무게대로 계량
- 달걀의 계량은 감독위원이 지정하는 개수로 계량

재료명	비율(%)	무게(g)
박력분	100	168
달걀	285	480
설탕	128	216
코코아파우더	21	36
베이킹소다	1	2
물	7	12
우유	17	30
계	**559**	**944**
(※ 충전용 재료는 계량시간에서 제외)		
다크커버춰	119	200
생크림	119	200
럼	12	20

0. 준비

① 반죽 : 가루재료 체치기, 오븐 예열, 평철판 재단, 중탕 준비, 우유 데우기

1. 반죽(요구사항 : 24℃)

① 큰 볼에 달걀을 풀어준다.

② 설탕, 소금, 물엿 한번에 넣고 풀어준 뒤, 45℃로 중탕한다.

③ 기계믹싱, 고속믹싱으로 부피 충분히 올리고 저속으로 1분 후 마무리한다.

④ ③에 체친 가루 한번에 넣고, 아래에서 위로 끌어올리듯 털면서 빠르게 혼합한다.

⑤ 우유와 물에 반죽의 일부를 넣고 매끈하게 혼합한 뒤, 우유반죽을 ④에 넣어서 혼합한다.

Tip 우유와 물을 35℃로 유지시킨다. 기계를 돌리다 멈췄을 때 결이 사라지지 않고 유지되며, 부피가 3~4배 증가해야 한다. 코코아가루는 덩어리지지 않게 주의한다.

2. 비중 재기(요구사항 : 0.45±0.05)

① 비중컵 물무게 측정

3. 팬닝하기

① 종이 재단한 팬에 반죽을 전량 부어준 뒤 수평을 잘 맞춰준다.

Tip 반죽양이 많지 않기 때문에 모서리 부분에 신경을 써준다.

4. 굽기

① 190/160℃ 12분(+3) 굽기

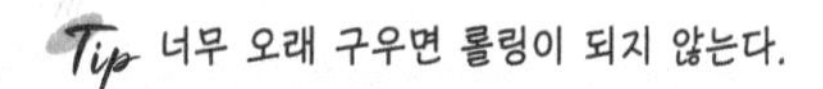

5. 가나슈 만들기(충전물)

① 초콜릿을 중탕으로 미리 녹여둔다.

② 생크림을 중탕으로 45℃를 유지시켜 준다.

③ 사용 전 혼합하여 25~30℃ 정도에 사용한다.

6. 냉각 및 말기(요구사항 : 구운 윗면에 가나슈 바르기)

① 뜨거운 것이 살짝 식으면 겉이 마르지 않게 비닐을 덮어 식혀준다.

② 면포를 충분히 적시고 그 위에 껍질이 위로 올라오게 올려놓는다.

③ 가나슈크림을 케이크 껍질 위에 전량 부어 골고루 발라준다.

④ 앞쪽에 자국을 내고, 전용밀대를 이용하여 말아 고정한 후 면포를 제거한다.

Tip 가나슈가 적정온도보다 높으면 손실률이 높아지며, 적정온도보다 낮으면 가나슈 바르는 작업 시 골고루 안 되며 시트와 크림이 접착되지 않는다.

7. 평가 및 원인

① 코코아가루가 덩어리지지 않도록 한다.

② 코코아로 인해 비중이 높은 경우가 많다

- 이 경우 구운 뒤 시트와 종이가 분리되지 않는다.

파운드케이크

2시간 30분

요구사항

요구사항제법 : 반죽 크림법

파운드케이크를 제조하여 제출하시오.

1. 배합표의 각 재료를 계량하여 재료별로 진열하시오(9분).
2. 반죽은 크림법으로 제조하시오.
3. 반죽온도는 23℃를 표준으로 하시오.
4. 반죽의 비중을 측정하시오.
5. 윗면을 터뜨리는 제품을 만드시오.
6. 반죽은 전량을 사용하여 성형하시오.

- 재료 계량(재료당 1분) → [감독위원 계량 확인] → 작품 제조 및 정리정돈(전체 시험 시간-재료 계량시간)
- 재료 계량시간 내에 계량을 완료하지 못하여 시간이 초과된 경우 및 계량을 잘못한 경우는 추가의 시간 부여 없이 작품 제조 및 정리정돈 시간을 활용하여 요구사항의 무게대로 계량
- 달걀의 계량은 감독위원이 지정하는 개수로 계량

재료명	비율(%)	무게(g)
박력분	100	800
설탕	80	640
버터	80	640
유화제	2	16
소금	1	8
탈지분유	2	16
바닐라향	0.5	4
베이킹파우더	2	16
달걀	80	640
계	347.5	2,780

0. 준비

① 가루재료 체치기, 오븐 예열, 파운드틀 4개 재단, 칼 및 식용유

1. 반죽(요구사항 : 23℃)(기계믹싱)

① 버터를 고속으로 충분히 푼다.
② 소금 + 유화제 + 설탕 1/2을 넣고, 나머지 설탕 2~3회 넣고 크림화한다.
③ 달걀을 3~5회로 나누어 분리되지 않게 크림화한다.
④ 체친 가루재료를 손으로 재빠르게 끌어올리듯 섞어 준다.

Tip 재료가 골고루 혼합되지 않을 수 있기 때문에 기계를 멈추고 수시로 믹서볼을 긁어준다.

2. 비중 재기(요구사항 : 0.8±0.05)

① 비중컵 물무게 측정

3. 팬닝하기

① 반죽무게를 650g±30로 나누어준다. 틀의 70%
② 틀넓이에 맞는 도구를 이용하여 U자 형태로 만든다.
③ 네 모서리를 온도계 뒷부분으로 당겨서 빼준다.
  • 종이를 뒤로 밀면서 각지게 하는 방법

4. 굽기

① A : 210/200℃에서 15분간 굽다가 껍질이 완전히 색이 나면 칼집내기
180/170℃로 뚜껑 덮어 40분 굽는다.
② B : 170/170℃로 굽다가 20분 뒤 껍질이 나면 칼집을 내고 굽는다. 총 40분가량 굽는다.

5. 평가 및 원인

① 칼집 터진 상태의 껍질과 속색상 차이
② 설탕 충분히 용해된 상태

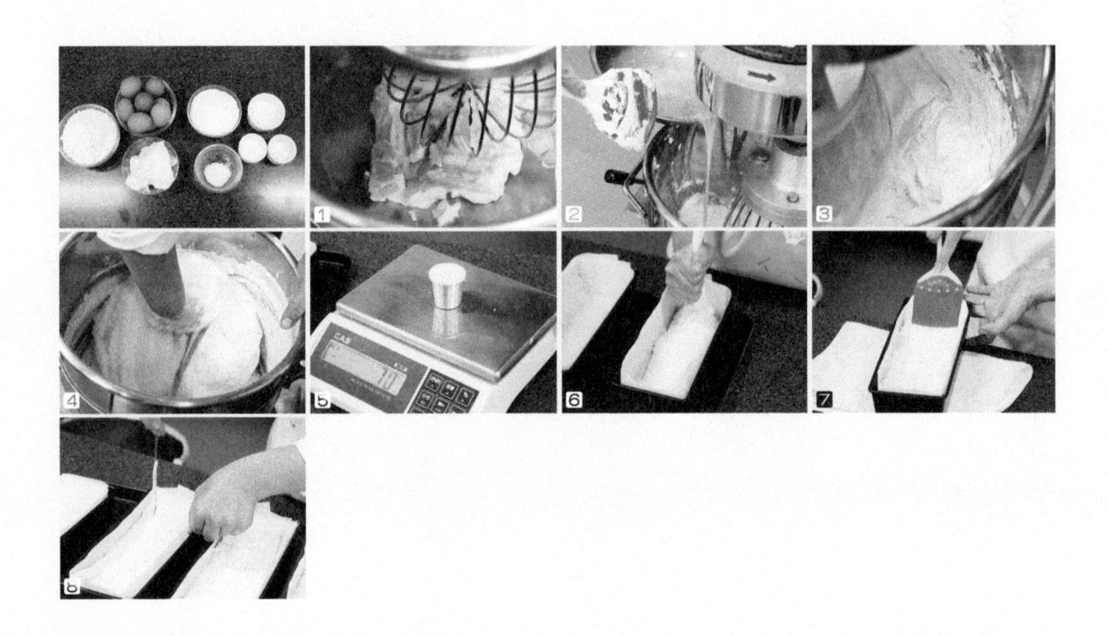

과일케이크

2시간 30분

요구사항

요구사항제법 : 반죽 별립법(복합

과일케이크를 제조하여 제출하시오.

1. 배합표의 각 재료를 계량하여 재료별로 진열하시오(13분).
2. 반죽은 별립법으로 제조하시오.
3. 반죽온도는 23℃를 표준으로 하시오.
4. 제시한 팬에 알맞도록 분할하시오.
5. 반죽은 전량을 사용하여 성형하시오.

- 재료 계량(재료당 1분) → [감독위원 계량 확인] → 작품 제조 및 정리정돈(전체 시험시간-재료 계량시간)
- 재료 계량시간 내에 계량을 완료하지 못하여 시간이 초과된 경우 및 계량을 잘못한 경우는 추가의 시간 부여 없이 작품 제조 및 정리정돈 시간을 활용하여 요구사항의 무게대로 계량
- 달걀의 계량은 감독위원이 지정하는 개수로 계량

재료명	비율(%)	무게(g)
박력분	100	500
설탕	90	450
마가린	55	275(276)
달걀	100	500
우유	18	90
베이킹파우더	1	5(4)
소금	1.5	7.5(8)
건포도	15	75(76)
체리	30	150
호두	20	100
오렌지필	13	65(66)
럼주	16	80
바닐라향	0.4	2
계	459.9	2,299.5 (2,300~2,3

0. 준비

① 가루재료 체치기, 오븐 예열, 파운드팬 4개 종이 재단, 설탕 나누기(4 : 6 = A : B)
② 전처리 : 호두는 구워주기, 오렌지필, 건포도, 체리 다져서 럼주와 혼합

1. 반죽(요구사항 : 23℃)

① 마가린 반죽(손믹싱)
- 마가린을 부드럽게 풀어준 뒤 소금+설탕A를 나누어 넣고 크림화한다.
- 노른자를 넣고 크림화한다. 우유를 천천히 흘려 넣어 크림화한다.

② 흰자머랭(기계믹싱)
- 흰자를 고속으로 살짝 거품을 내준 뒤, 설탕B 1/2을 넣고 믹싱한다. 살짝 녹으면서 거품형태가 바뀔 때 남은 설탕을 2번에 나누어 넣는다.

③ 마가린 반죽에 전처리한 과일을 넣고 섞어준다.
④ 나무주걱을 이용하여 머랭 1/3을 혼합한다.
⑤ 체친 가루재료를 혼합한다.
⑥ 나머지 머랭을 2회로 나누어 가볍게 혼합한다.

Tip 전처리 과일 넣을 시 국물 제거 후 밀가루로 살짝 흔들어 버무린다.
절대 치대면서 섞지 않는다.

2. 팬닝하기

① 반죽을 덜어 4개로 나누어 팬닝하여 준다.
② 네 모서리를 온도계 뒷부분으로 당겨서 빼준다.

Tip 네 모서리의 종이가 각지지 않았기 때문에 반죽을 넣고 뒤로 밀면서 각지게 해줘야 한다.

3. 굽기

① 170/160℃ 40분(+5) 굽기

4. 평가 및 원인

① 과일이 골고루 분포되어 있는지, 부피가 잘 맞는지 터짐이 균일한지 등

5. 평가 및 원인

① 팬닝 일정 부피 균일, 내상 균일

브라우니

1시간 50분

요구사항

요구사항제법 : 반죽 1단계 변형반죽

브라우니를 제조하여 제출하시오.

❶ 배합표의 각 재료를 계량하여 재료별로 진열하시오(9분).
❷ 브라우니는 수작업으로 반죽하시오.
❸ 버터와 초콜릿을 함께 녹여서 넣는 1단계 변형반죽법으로 하시오.
❹ 반죽온도는 27℃를 표준으로 하시오.
❺ 반죽은 전량을 사용하여 성형하시오.
❻ 3호 원형팬 2개에 팬닝하시오.
❼ 호두의 반은 반죽에 사용하고 나머지 반은 토핑하며, 반죽 속과 윗면에 골고루 분포되게 하시오(호두는 구워서 사용).

- 재료 계량(재료당 1분) → [감독위원 계량 확인] → 작품 제조 및 정리정돈(전체 시험시간–재료 계량시간)
- 재료 계량시간 내에 계량을 완료하지 못하여 시간이 초과된 경우 및 계량을 잘못한 경우는 추가의 시간 부여 없이 작품 제조 및 정리정돈 시간을 활용하여 요구사항의 무게대로 계량
- 달걀의 계량은 감독위원이 지정하는 개수로 계량

재료명	비율(%)	무게(g)
중력분	100	300
달걀	120	360
설탕	130	390
소금	2	6
버터	50	150
다크초콜릿(커버춰)	150	450
코코아파우더	10	30
바닐라향	2	6
호두	50	150
계	614	1,842

0. 준비

① 가루재료 체치기, 오븐 예열, 3호 원형틀 2개 재단, 호두 굽기, 중탕 준비

1. 반죽(요구사항 : 27℃)(손믹싱)

① 초콜릿과 버터를 각각 중탕하여 녹여주고 두 개를 섞어준다.(40℃ 유지)
② 달걀을 충분히 풀어준다.
③ 설탕 + 소금을 넣고 섞어준다.
④ 녹인 초콜릿 + 버터 혼합한 것을 넣고 섞어준다.
⑤ 체친 가루재료를 넣고 재빠르게 혼합하여 준다.
⑥ 호두 1/2가량 넣고 혼합한다.(요구사항)

Tip 초콜릿과 버터는 녹는 융점이 다르기 때문에 녹여서 섞어주면 유화가 더 잘 된다. 전체적인 반죽온도가 떨어지지 않도록 공정의 속도를 빠르게 한다.

2. 팬닝하기

① 650g±50 정도씩 2개로 나누어 팬닝을 한다.
② 남은 호두를 위에 골고루 뿌려준다.

3. 굽기

① 160/150℃ 50분(±5)

Tip 굽기 색이 어두워서 타는 색이 보이지 않으므로 주의깊게 관찰해 준다.
호두가 급격히 타지 않도록 한다.

4. 평가 및 원인

① 바닥이 들어가지 않도록 한다.

초코머핀(초코컵케이크)

1시간 50분

요구사항

요구사항제법 : 반죽 크림법

초코머핀(초코컵케이크)을 제조하여 제출하시오.

❶ 배합표의 각 재료를 계량하여 재료별로 진열하시오 (11분).
❷ 반죽은 크림법으로 제조하시오.
❸ 반죽온도는 24℃를 표준으로 하시오.
❹ 초코칩은 제품의 내부에 골고루 분포되게 하시오.
❺ 반죽분할은 주어진 팬에 알맞은 양으로 팬닝하시오.
❻ 반죽은 전량을 사용하여 성형하시오.

* 감독위원은 시험 전 주어진 팬을 감안하여 팬의 개수를 지정하여 공지한다.

◆ 재료 계량(재료당 1분) → [감독위원 계량 확인] → 작품 제조 및 정리정돈(전체 시험시간–재료 계량시간)
◆ 재료 계량시간 내에 계량을 완료하지 못하여 시간이 초과된 경우 및 계량을 잘못한 경우는 추가의 시간 부여 없이 작품 제조 및 정리정돈 시간을 활용하여 요구사항의 무게대로 계량
◆ 달걀의 계량은 감독위원이 지정하는 개수로 계량

재료명	비율(%)	무게(g
박력분	100	500
설탕	60	300
버터	60	300
달걀	60	300
소금	1	5(4)
베이킹소다	0.4	2
베이킹파우더	1.6	8
코코아파우더	12	60
물	35	175(17
탈지분유	6	30
초코칩	36	180
계	372	1,860 (1,858

0. 준비

① 가루재료 체치기, 오븐 예열, 짤주머니, 팬 준비(머핀틀 24개 or 호일컵 20개)

1. 반죽(요구사항 : 24℃)

① 버터를 고속으로 충분히 푼다.
② 소금 + 설탕 1/2을 넣고 풀다가 나머지 설탕을 넣고 크림화한다.
③ 달걀 풀어둔 것을 3~5회로 나누어 분리되지 않게 크림화한다.
④ 체친 가루류를 손으로 재빠르게 끌어올리듯 섞어준다.
⑤ 물을 넣고 덩어리지지 않도록 혼합하다 초코칩을 넣고 혼합해 준다.

Tip 버터와 설탕, 달걀이 골고루 혼합되지 않을 수 있기 때문에 기계를 멈추고 아래부터 수시로 긁어준다.

Tip 재료의 양이 기계와 비례하여 적기 때문에 크림화가 잘 이루어지지 않으므로 달걀을 천천히 넣어주면서 크림화하지 않으면 분리될 확률이 높아진다.

2. 팬닝하기(머핀틀 24개 or 호일컵 20개)

① 준비된 짤주머니에 반죽을 담는다.
② 70% 반죽을 꽉 차게 짜준다.

Tip 24개 틀에 우선 50%씩 짜준 다음 남은 반죽으로 20%를 맞추어야 모든 개수가 동일하게 나온다.
처음부터 70%를 맞추면 나중에 반죽이 모자라 개수를 못 맞추거나 덜어내는 상황이 될 수 있다.

3. 굽기

① 180/160℃ 25분(+5) 굽기

4. 평가 및 원인

① 머핀의 사이즈 균일, 초코칩 토핑

마데라(컵)케이크

2시간

요구사항

요구사항제법 : 반죽 크림법

마데라(컵)케이크를 제조하여 제출하시오.

1. 배합표의 각 재료를 계량하여 재료별로 진열하시오(9분).
2. 반죽은 크림법으로 제조하시오.
3. 반죽온도는 24℃를 표준으로 하시오.
4. 반죽분할은 주어진 팬에 알맞은 양을 팬닝하시오.
5. 적포도주 퐁당을 1회 바르시오.
6. 반죽은 전량을 사용하여 성형하시오.

* 감독위원은 시험 전 주어진 팬을 감안하여 팬의 개수를 지정하여 공지한다.

◆ 재료 계량(재료당 1분) → [감독위원 계량 확인] → 작품 제조 및 정리정돈(전체 시험시간–재료 계량시간)
◆ 재료 계량시간 내에 계량을 완료하지 못하여 시간이 초과된 경우 및 계량을 잘못한 경우는 추가의 시간 부여 없이 작품 제조 및 정리정돈 시간을 활용하여 요구사항의 무게대로 계량
◆ 달걀의 계량은 감독위원이 지정하는 개수로 계량

재료명	비율(%)	무게(g)
박력분	100	400
버터	85	340
설탕	80	320
소금	1	4
달걀	85	340
베이킹파우더	2.5	10
건포도	25	100
호두	10	40
적포도주	30	120
계	418.5	1,674
(※ 충전용 재료는 계량시간에서 제외)		
분당	20	80
적포도주	5	20

0. 준비

① 가루재료 체치기, 오븐 예열, 짤주머니, 팬 준비(머핀틀 24개 or 호일컵 20개)
② 전처리 : 건포도 + 구운 호두 → 적포도주와 혼합

1. 반죽(요구사항 : 24℃)

① 버터를 고속으로 충분히 푼다.
② 소금 + 설탕 1/2을 넣고 풀다가 나머지 설탕을 넣고 크림화한다.
③ 달걀 풀어둔 것을 3~5회로 나누어 분리되지 않게 크림화한다.
④ 체친 가루류를 손으로 재빠르게 끌어올리듯 섞어준다.
⑤ 전처리한 건포도 +호두 + 적포도주를 넣고 혼합한다.

Tip 버터와 설탕, 달걀이 골고루 혼합되지 않을 수 있기 때문에 기계를 멈추고 아래부터 수시로 긁어준다.

Tip 재료의 양이 기계와 비례하여 적기 때문에 크림화가 잘 이루어지지 않으므로 달걀을 천천히 넣어주면서 크림화하지 않으면 분리될 확률이 높아진다.

2. 팬닝하기(머핀틀 24개 or 호일컵 20개)

① 준비된 짤주머니에 반죽을 담는다.
② 70% 반죽을 꽉 차게 짜준다.

Tip 24개 틀에 우선 50%씩 짜준 다음 남은 반죽으로 20%를 맞추어야 모든 개수가 동일하게 나온다.
처음부터 70%를 맞추면 나중엔 반죽이 모자라 개수를 못 맞추거나 덜어내는 상황이 될 수 있다.

3. 굽기

① 180/160℃ 25분(+5) 굽기

4. 퐁당 바르기

① 적포도주와 분당을 부드럽게 섞어준다.
② 구운 제품을 꺼내어 붓으로 떠서 위에 발라준다.
③ 오븐에 1분가량 말린다.

5. 평가 및 원인

① 머핀의 사이즈 균일, 퐁당 토핑

마드레느(마들렌)

1시간 50분

요구사항

요구사항제법 : 반죽 1단계 변형반죽

마드레느(마들렌)를 제조하여 제출하시오.

❶ 배합표의 각 재료를 계량하여 재료별로 진열하시오(7분).
❷ 마드레느는 수작업으로 하시오.
❸ 버터를 녹여서 넣는 1단계법 (변형)반죽법을 사용하시오.
❹ 반죽온도는 24℃를 표준으로 하시오.
❺ 실온에서 휴지시키시오.
❻ 제시된 팬에 알맞은 반죽양을 넣으시오.
❼ 반죽은 전량을 사용하여 성형하시오.

- ◆ 재료 계량(재료당 1분) → [감독위원 계량 확인] → 작품 제조 및 정리정돈(전체 시험 시간-재료 계량시간)
- ◆ 재료 계량시간 내에 계량을 완료하지 못하여 시간이 초과된 경우 및 계량을 잘못한 경우는 추가의 시간 부여 없이 작품 제조 및 정리정돈 시간을 활용하여 요구사항의 무게대로 계량
- ◆ 달걀의 계량은 감독위원이 지정하는 개수로 계량

재료명	비율(%)	무게(g)
박력분	100	400
베이킹파우더	2	8
설탕	100	400
달걀	100	400
레몬 껍질	1	4
소금	0.5	2
버터	100	400
계	403.5	1,614

0. 준비

① 가루재료 체치기, 오븐 예열, 전용틀 이형제 준비, 중탕, 짤주머니
② 레몬은 제스트기에 갈거나 없을 경우 겉껍질만 벗겨 칼로 다져서 준비한다.

1. 반죽(요구사항 : 24℃)(손믹싱)

① 버터를 중탕하여 녹여준다. 30~35℃로 온도를 유지한다.
② 체친 가루 + 설탕 + 소금을 거품기로 혼합한다.
③ 달걀을 ②에 넣고 혼합한다.
④ 온도를 맞춘 용해버터를 혼합한다.
- 버터온도가 중요하다. 되기 조절 및 온도가 높을 때 베이킹파우더가 작용한다.

2. 실온에서 휴지하기(요구사항 : 실온)

① 20~30분

3. 팬닝하기

① 짤주머니로 팬깊이의 70%가량을 짜준다.

4. 굽기

① 180/160℃ 20분(±5)

5. 평가 및 원인

다쿠와즈

1시간 50분

요구사항

요구사항제법 : 머랭법

다쿠와즈를 제조하여 제출하시오.

1. 배합표의 각 재료를 계량하여 재료별로 진열하시오(5분).
2. 머랭을 사용하는 반죽을 만드시오.
3. 표피가 갈라지는 다쿠와즈를 만드시오.
4. 다쿠와즈 2개를 크림으로 샌드하여 1조의 제품으로 완성하시오.
5. 반죽은 전량을 사용하여 성형하시오.

- 재료 계량(재료당 1분) → [감독위원 계량 확인] → 작품 제조 및 정리정돈(전체 시험시간-재료 계량시간)
- 재료 계량시간 내에 계량을 완료하지 못하여 시간이 초과된 경우 및 계량을 잘못한 경우는 추가의 시간 부여 없이 작품 제조 및 정리정돈 시간을 활용하여 요구사항의 무게대로 계량
- 달걀의 계량은 감독위원이 지정하는 개수로 계량

재료명	비율(%)	무게(g
달걀흰자	130	325(32
설탕	40	100
아몬드분말	80	200
분당	66	165(16
박력분	20	50
계	336	840(84
(※ 충전용 재료는 계량시간에서 제외		
버터크림 (샌드용)	90	225(22

0. 준비

① 가루재료 체치기, 오븐 예열, 다쿠와즈틀 준비, 토핑용 체 준비, 짤주머니

1. 반죽(손믹싱)

① 흰자가 보이지 않을 정도로 거품을 내준다.
② 설탕을 3회 정도 나누어 넣으면서 튼튼한 거품을 내준다.
③ 충분히 체친 가루류를 2회로 나누어 가볍게 섞어준다.

Tip 머랭에 설탕이 남아 있을 경우 머랭이 약해져 반죽이 질어짐

2. 짜기 및 팬닝하기(요구사항 : 반죽 전량 사용)

① 전용틀에 반죽을 지그재그로 채워준다.
② 스패출러를 이용하여 반죽을 긁어 모아준 뒤 틀을 그대로 들어낸다.
③ 반복하여 반죽 전량을 다 사용한다.
④ 분당을 2회 체질하여 준다.

Tip 반죽을 반복해서 건드리면 질어지면서 처음과 마지막 제품에 부피 차이가 생김

3. 굽기

① 190/170℃ 15분(+3)

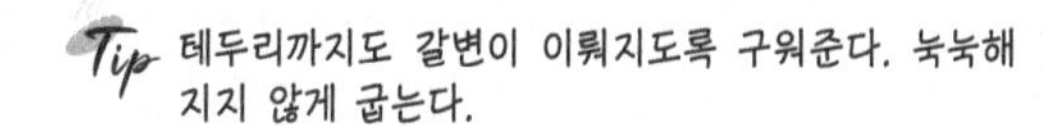

Tip 테두리까지도 갈변이 이뤄지도록 구워준다. 눅눅해지지 않게 굽는다.

4. 샌드하기

① 계량한 크림을 한쪽에 발라준다.
② 덮어준다.

Tip 짝을 다 맞추어 놓은 다음 한쪽에 크림을 골고루 발라준 뒤 샌드해야 크림이 부족해지지 않는다.

5. 평가 및 원인

① 크림은 시험장 및 감독관의 요구사항에 맞추어 작업한다.

타르트

2시간 20분

요구사항

요구사항제법 : 반죽 크림법 / 충전물 크림

타르트를 제조하여 제출하시오.

1. 배합표의 반죽용 재료를 계량하여 재료별로 진열하시오(5분).(충전물 · 토핑 등의 재료는 휴지시간을 활용하시오.)
2. 반죽은 크림법으로 제조하시오.
3. 반죽온도는 20℃를 표준으로 하시오.
4. 반죽은 냉장고에서 20~30분 정도 휴지하시오.
5. 두께 3mm 정도로 밀어펴서 팬에 맞게 성형하시오.
6. 아몬드크림을 제조해서 팬(∅10~12cm) 용적의 60~70% 정도 충전하시오.
7. 아몬드 슬라이스를 윗면에 고르게 장식하시오.
8. 8개를 성형하시오.
9. 광택제로 제품을 완성하시오.

- 재료 계량(재료당 1분) → [감독위원 계량 확인] → 작품 제조 및 정리정돈(전체 시험시간–재료 계량시간)
- 재료 계량시간 내에 계량을 완료하지 못하여 시간이 초과된 경우 및 계량을 잘못한 경우는 추가의 시간 부여 없이 작품 제조 및 정리정돈 시간을 활용하여 요구사항의 무게대로 계량
- 달걀의 계량은 감독위원이 지정하는 개수로 계량

광택제 및 토핑

아몬드 슬라이스	66.6	100

배합표(반죽)

재료명	비율(%)	무게(g
박력분	100	400
달걀	25	100
설탕	26	104
버터	40	160
소금	0.5	2
계	191.5	766

충전물

재료명	비율(%)	무게(g
아몬드분말	100	250
설탕	90	226
버터	100	250
달걀	65	162
브랜디	12	30
계	367	918

재료명	비율(%)	무게(g
에프리코트퐁당	100	150
물	40	60
계	140	210

0. 준비

① 가루재료 체치기, 오븐 예열, 틀 8개, 밀대, 휴지비닐

1. 반죽(요구사항 : 20℃)(큰 볼, 손거품기)

① 버터를 충분히 푼다.
② 소금 + 설탕 2~3회 넣고 크림화한다.
③ 달걀을 넣어 분리되지 않게 크림화한다.
④ 체친 박력분을 2회로 나누어 섞되, 총 80%만 섞은 뒤 비닐에 싸서 휴지한다.

Tip 휴지제품들은 80% 정도만 섞어 휴지한다.

2. 냉장 휴지(요구사항 : 20~30분)

① 비닐에 싼 뒤 휴지한다.

3. 충전물(요구사항 : 크림법)(중볼, 손거품기)

① 버터를 충분히 풀고, 설탕 2~3회 넣고 크림화한다.
② 달걀 풀어둔 것이 분리되지 않게 크림화한다.
③ 아몬드가루 섞고 브랜디를 혼합한다.

Tip 충전물은 반죽보다 설탕량이 많으므로 크림화에 신경써야 한다. 충전물에 설탕이 남아 있을 경우 굵은 설탕 반점이 보인다.

4. 성형(요구사항 : 팬 지름 10~12cm / 두께 3mm / 8개 제출)

① 8개로 분할하고, 살짝 눌러 부서짐이 없게 한덩어리로 한다.
② 두께 3mm, 넓이는 틀 크기보다 1cm 더 민다.
③ 윗부분 반죽을 밀대로 밀어 테두리를 정리한다.
④ 포크로 구멍을 뚫어준다.

Tip 분할 시 전체 반죽무게÷8 한다.

Tip 덧가루가 많은 상태로 많이 치대면 글루텐 형성이 강해지면서 버터가 새어나온다. 이것으로 인해갈라지는 현상이 생긴다. 손실이 많이 생기지 않도록 반죽을 틀에 맞추어 잘 밀어준다.

5. 충전물 채우기

① 충전물을 주걱으로 충분히 섞어 공기를 빼준다. 원형 0.5cm의 깍지를 끼고 가운데부터 원심형으로 짜준다.
② 아몬드 슬라이스를 토핑한다.
- 충전물을 짤 땐 높이를 균일하게 짠다. 아몬드 슬라이스를 토핑한다.

6. 굽기

① 180/160℃ 25분(+5) 굽기
- 철판 없이 틀째로 넣기

7. 광택제 만들기(요구사항)

① 냄비에 에프리코트퐁당 + 물 넣고 퐁당이 녹으면 아주 약불에 놓고 바른다.
② 또는 시험장 및 감독관의 요구사항에 따라 작업한다.

8. 평가 및 원인

호두파이

2시간 30분

요구사항

요구사항제법 : 반죽 블렌딩법 / 충전

호두파이를 제조하여 제출하시오.

❶ 껍질 재료를 계량하여 재료별로 진열하시오(7분).

❷ 껍질에 결이 있는 제품으로 손반죽으로 제조하시오.

❸ 껍질 휴지는 냉장온도에서 실시하시오.

❹ 충전물은 개인별로 각자 제조하시오(호두는 구워서 사용).

❺ 구운 후 충전물의 층이 선명하도록 제조하시오.

❻ 제시한 팬 7개에 맞는 껍질을 제조하시오(팬크기가 다를 경우 크기에 따라 가감).

❼ 반죽은 전량을 사용하여 성형하시오.

- 재료 계량(재료당 1분) → [감독위원 계량확인] → 작품 제조 및 정리정돈(전체 시험시간–재료 계량시간)
- 재료 계량시간 내에 계량을 완료하지 못하여 시간이 초과된 경우 및 계량을 잘못한 경우는 추가의 시간 부여 없이 작품 제조 및 정리정돈 시간을 활용하여 요구사항의 무게대로 계량
- 달걀의 계량은 감독위원이 지정하는 개수로 계량

껍질

재료명	비율(%)	무게(g)
중력분	100	400
노른자	10	40
소금	1.5	6
설탕	3	12
생크림	12	48
버터	40	160
물	25	100
계	191.5	766

충전물(계량시간에서 제외)

재료명	비율(%)	무게(g
호두	100	250
설탕	100	250
물엿	100	250
계핏가루	1	2.5 (2
물	40	100
달걀	240	600
계	581	1,452. (1,452

0. 준비

① 반죽 : 가루재료 체치기, 오븐 예열, 전용틀 7개, 호두 굽기, 중탕 준비

1. 반죽

① 유지 : 쇼트닝은 냉장고에서 차갑게 해둔다.
② 액체 : 찬물 + 노른자 + 생크림에 소금 + 설탕 완전 녹인다.
③ 다지기 : 중력분과 쇼트닝 놓고 두 개의 스크래퍼를 이용해 피복시키며 빠르게 쪼갠다.
④ 가운데 홀을 만들고 물을 천천히 넣어 흡수시킨다.

Tip 유지가 차가워야 밀가루에 흡수되지 않고 다져서 파이 특유의 바삭함과 결을 만들수 있다.

2. 냉장 휴지

① 비닐에 싼 뒤 얇게 만들어 냉장 휴지한다.

3. 충전물

① 호두는 미리 구워 식혀둔다.
② 볼에 달걀을 충분히 풀어준다.
③ 설탕 + 물엿 + 물 + 계피를 ②에 넣고 중탕물에 올려 서서히 녹여준다.
④ 체에 한 번 걸러준 뒤 충전물을 식혀둔다.

4. 성형(요구사항 : 7개 제출 반죽 전량 사용)

① 쇼트닝을 이용하여 팬에 발라준다.
② 7개로 분할하고 덧가루 없이 살짝 눌러 부서짐이 없게 한덩어리로 한다.
③ 동글납작하게 만든 반죽을 돌려가며 밀대로 틀 크기보다 1.5cm 정도 더 민다.
④ 깨끗한 부분이 바닥에 오게 틀에 넣는다.
⑤ 가장자리를 손으로 모양을 만든다.

Tip 호두파이는 절대 포크로 구멍을 내지 않는다. 분할 시 전체 반죽무게÷8한다.

5. 충전물 채우기

① 호두를 7개로 나누어서 담는다.
② 계량컵에 충전물을 담고 천천히 나누어 부어준다.

6. 굽기

① 180/170℃ 30분(+5) 굽기
(철판 없이 틀째로 넣기)

7. 평가 및 원인

흑미롤케이크(공립법)

1시간 50분

요구사항

요구사항제법 : 반죽 공립법 / 충전물 생크

흑미롤케이크(공립법)를 제조하여 제출하시오.

1. 배합표의 각 재료를 계량하여 재료별로 진열하시오(7분).
2. 반죽은 공립법으로 제조하시오.
3. 반죽온도는 25℃를 표준으로 하시오.
4. 반죽의 비중을 측정하시오.
5. 제시한 철판에 알맞도록 분할하시오.
6. 반죽은 전량을 사용하여 성형하시오.
   (시트의 밑면이 윗면이 되게 정형하시오.)

- 재료 계량(재료당 1분) → [감독위원 계량 확인] → 작품 제조 및 정리정돈(전체 시험시간–재료 계량시간)
- 재료 계량시간 내에 계량을 완료하지 못하여 시간이 초과된 경우 및 계량을 잘못한 경우는 추가의 시간 부여 없이 작품 제조 및 정리정돈 시간을 활용하여 요구사항의 무게대로 계량
- 달걀의 계량은 감독위원이 지정하는 개수로 계량

재료명	비율(%)	무게(g
박력쌀가루	80	240
흑미쌀가루	20	60
설탕	100	300
달걀	155	465
소금	0.8	2.4(2)
베이킹파우더	0.8	2.4(2)
우유	60	180
계	416.6	1,249. (1,249
(※ 충전용 재료는 계량시간에서 제오		
생크림	60	150

0. 준비

① 반죽 : 가루재료 체치기, 오븐 예열, 평철판 재단, 중탕 준비, 우유 데우기

1. 반죽(요구사항 : 25℃)

① 큰 볼에 달걀을 풀어준다.
② 설탕, 소금, 물엿을 한번에 넣고 풀어준 뒤, 45℃로 중탕한다.
③ 기계믹싱, 고속믹싱으로 부피를 충분히 올리고 저속으로 1분 후 마무리한다.
④ 3에 체친 가루를 한번에 넣고, 아래에서 위로 끌어 올리듯 털면서 빠르게 혼합한다.
⑤ 우유와 물에 반죽의 일부를 넣고 매끈하게 혼합한 뒤, 우유반죽을 4에 넣어서 혼합한다.

Tip 우유와 물을 35℃로 유지시킨다. 기계를 돌리다 멈췄을 때 결이 사라지지 않고 유지되며, 부피가 3~4배 증가해야 한다. 코코아가루는 덩어리지지 않게 주의한다.

2. 비중 재기(요구사항 : 0.45±0.05)

① 비중컵 물무게 측정

3. 팬닝하기

① 종이재단한 팬에 반죽을 전량 부어준 뒤 수평을 잘 맞춰준다.

Tip 반죽양이 많지 않기 때문에 모서리 부분에 신경을 써준다.

4. 굽기

① 190/160℃ 12분(+3) 굽기

Tip 너무 오래 구우면 롤링이 되지 않는다.

5. 생크림 준비

① 생크림을 휘핑하여 준비한다.

6. 냉각 및 말기
(요구사항 : 구운 윗면에 생크림 바르기)

① 시트가 충분히 식어야 한다.
② 종이에 기름을 바르고 구운 윗면이 위로 보이게 준비한다.
③ 휘핑된 생크림을 케이크 껍질 위에 전량 부어 골고루 발라준다.
④ 앞쪽에 자국을 내고, 전용밀대를 이용하여 말아준다.

Tip 생크림을 적게 올리거나 골고루 바르지 않으면 말 때 일정하게 말리지 않는다.

치즈케이크

2시간 30분

요구사항

요구사항제법 : 복합법

치즈케이크를 제조하여 제출하시오.

1. 배합표의 각 재료를 계량하여 재료별로 진열하시오(9분).
2. 반죽은 별립법으로 제조하시오.
3. 반죽온도는 20℃를 표준으로 하시오.
4. 반죽의 비중을 측정하시오.
5. 제시한 팬에 알맞도록 분할하시오.
6. 굽기는 중탕으로 하시오.
7. 반죽은 전량을 사용하시오.

* 감독위원은 시험 전 주어진 팬을 감안하여 팬의 개수를 지정하여 공지한다.

- 재료 계량(재료당 1분) → [감독위원 계량 확인] → 작품 제조 및 정리정돈(전체 시험시간–재료 계량시간)
- 재료 계량시간 내에 계량을 완료하지 못하여 시간이 초과된 경우 및 계량을 잘못한 경우는 추가의 시간 부여 없이 작품 제조 및 정리정돈 시간을 활용하여 요구사항의 무게대로 계량
- 달걀의 계량은 감독위원이 지정하는 개수로 계량

재료명	비율(%)	무게(g
중력분	100	80
버터	100	80
설탕(A)	100	80
설탕(B)	100	80
달걀	300	240
크림치즈	500	400
우유	162.5	130
럼주	12.5	10
레몬주스	25	20
계	1,400	1,120

0. 준비

① 반죽 : 중력분 체치기, 오븐 예열, 전용틀 이형제 바르기, 짤주머니, 달걀 분리하기
- 크림치즈는 충분히 부드러울 정도로 풀어준다.

1. 반죽(요구사항 : 20℃)

① 노른자 반죽(손믹싱)
- 부드럽게 풀린 크림치즈에 버터를 넣고 크림화시킨다. 설탕A를 넣고 크림화시킨다.
- 노른자 전량 → 우유, 럼주, 레몬주스 순으로 섞어준다.

② 흰자머랭
- 흰자를 고속으로 살짝 거품을 내준 뒤, 설탕B 1/2을 넣고 믹싱한다. 살짝 녹으면서 거품형태가 바뀔 때 남은 설탕을 2번에 나누어 넣는다.

③ 노른자 반죽에 머랭 1/3을 덜어 혼합한다.
④ 체친 가루 혼합 후 남은 머랭을 2번에 나누어 섞는다.

Tip 머랭을 너무 단단하게 올리지 않는다.

2. 비중 재기(요구사항 : 0.7±0.05)

3. 팬닝하기

① 이형제 바르고 설탕을 묻혀둔 팬에 짤주머니를 이용하여 짜준다.
② 전체 틀에 50%씩 먼저 짜준 뒤, 남은 양으로 부피를 맞추어 틀 높이 80% 정도 짜준다.

4. 굽기

① 170/160℃ 50분(+10) 50℃ 정도의 따뜻한 물을 부어 중탕으로 구워준다.
② 완료되면 수증기를 천천히 빼주고 제품을 꺼내준다.
③ 제품을 뒤집어서 꺼낸 뒤 식혀준다.

5. 평가 및 원인

① 주저앉지 않는 제품 만들기

버터쿠키

⏲ 2시간

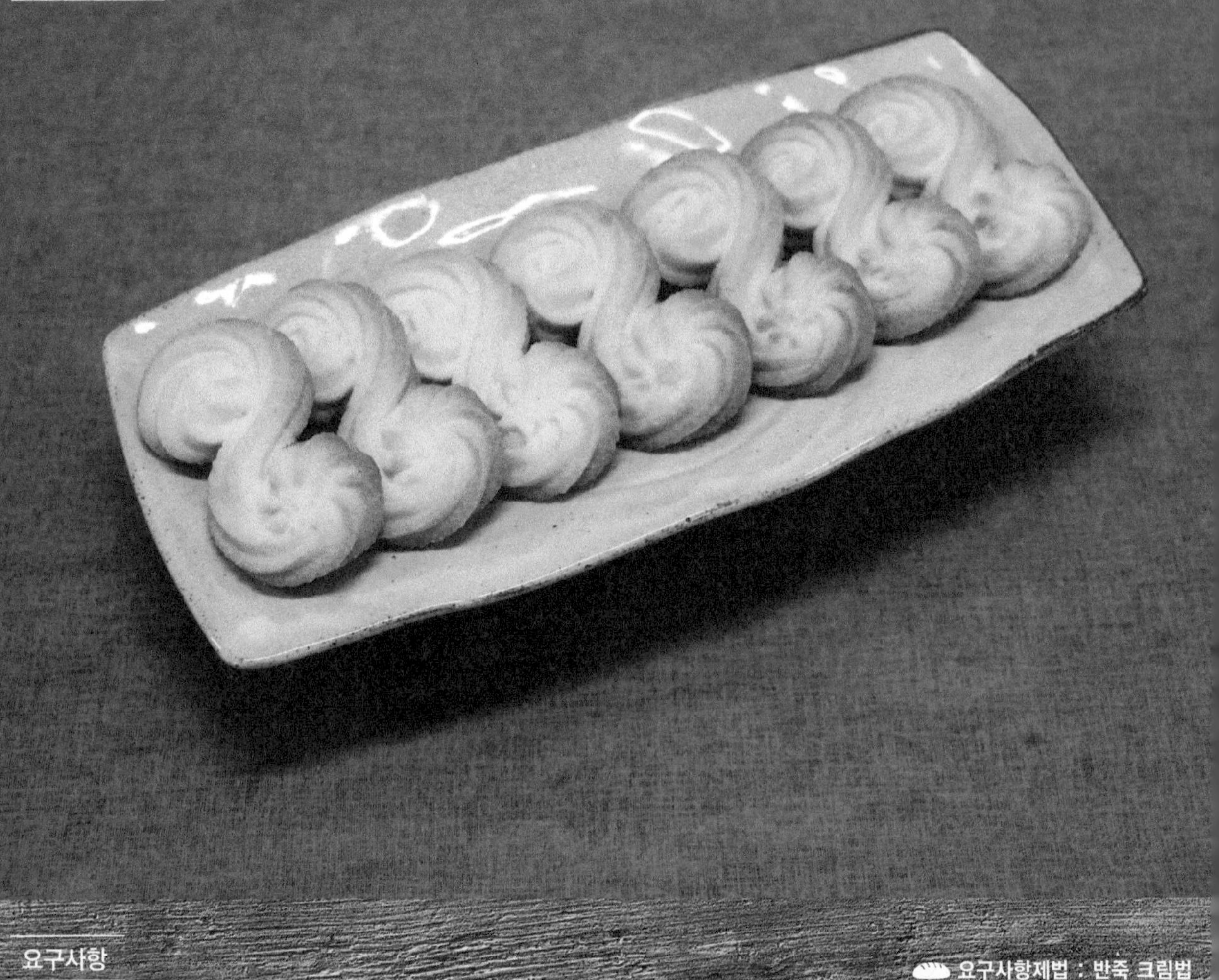

요구사항

요구사항제법 : 반죽 크림법

버터쿠키를 제조하여 제출하시오.

❶ 배합표의 각 재료를 계량하여 재료별로 진열하시오(6분).
❷ 반죽은 크림법으로 수작업하시오.
❸ 반죽온도는 22℃를 표준으로 하시오.
❹ 별모양깍지를 끼운 짤주머니를 사용하여 2가지 모양짜기를 하시오(8자, 장미모양).
❺ 반죽은 전량을 사용하여 성형하시오.

◆ 재료 계량(재료당 1분) → [감독위원 계량확인] → 작품 제조 및 정리정돈(전체 시험시간-재료 계량시간)
◆ 재료 계량시간 내에 계량을 완료하지 못하여 시간이 초과된 경우 및 계량을 잘못한 경우는 추가의 시간 부여 없이 작품 제조 및 정리정돈 시간을 활용하여 요구사항의 무게대로 계량
◆ 달걀의 계량은 감독위원이 지정하는 개수로 계량

재료명	비율(%)	무게(g
박력분	100	400
버터	70	280
설탕	50	200
소금	1	4
달걀	30	120
바닐라향	0.5	2
계	251.5	1,006

0. 준비

① 가루재료 체치기, 오븐 예열, 철판 준비, 별모양깍지, 짤주머니

1. 반죽(요구사항 : 22℃)(큰 볼, 손거품기)

① 버터를 충분히 풀어준다.
② 소금 + 설탕 2~3회 넣고 크림화한다.
③ 달걀을 분리되지 않게 크림화한다.
④ 체친 박력분 넣고 섞는다.

Tip 달걀을 넣고 과한 크림화는 공기포집이 일어나 퍼짐 현상이 나타난다.

Tip 쿠키류, 비스킷류는 설탕을 20~30% 남겨 바삭함을 유지한다.

2. 반죽 짜기(요구사항 : 8자모양, 장미모양)

① 8자모양
- 주머니에 반죽을 담고 8자모양으로 짜준다.

② 장미모양
- 주머니에 반죽을 담고 장미모양으로 짜준다.

③ 반죽을 짤 때 제품과 제품 사이 간격이 충분하고, 사선으로 배열한다.
- 간격이 일정치 않으면 굽기 중 색이 골고루 입혀지지 않는다.

Tip 버터쿠키 반죽이 무거워 짤 때 힘이 많이 들어간다. 반죽을 무리하게 넣으면 비닐 짤주머니일 경우 깍지가 빠질 수 있다.

3. 굽기

① 180/150℃ 12분(±3) 굽기
- 굽기 중 밑색이 먼저 나면 이중팬 사용

4. 평가 및 원인

① 전체적인 고른 색 및 팬닝 간격, 쿠키의 퍼짐성 주의

쇼트브레드쿠키

2시간

요구사항

요구사항제법 : 반죽 크림법

쇼트브레드쿠키를 제조하여 제출하시오.

❶ 배합표의 각 재료를 계량하여 재료별로 진열하시오(9분).

❷ 반죽은 수작업으로 하여 크림법으로 제조하시오.

❸ 반죽온도는 20℃를 표준으로 하시오.

❹ 제시한 정형기를 사용하여 두께 0.7~0.8cm, 지름 5~6cm(정형기에 따라 가감) 정도로 정형하시오.

❺ 제시한 2개의 팬에 전량 성형하시오.(단, 시험장 팬의 크기에 따라 감독위원이 별도로 지정할 수 있다.)

❻ 달걀노른자칠을 하여 무늬를 만드시오.
달걀은 총 7개를 사용하며, 달걀 크기에 따라 감독위원이 가감하여 지정할 수 있다.
① 배합표 반죽용 4개(달걀 1개+노른자용 달걀 3개)
② 달걀노른자칠용 달걀 3개

◆ 재료 계량(재료당 1분) → [감독위원 계량 확인] → 작품 제조 및 정리정돈(전체 시험시간-재료 계량시간)
◆ 재료 계량시간 내에 계량을 완료하지 못하여 시간이 초과된 경우 및 계량을 잘못한 경우는 추가의 시간 부여 없이 작품 제조 및 정리정돈 시간을 활용하여 요구사항의 무게대로 계량
◆ 달걀의 계량은 감독위원이 지정하는 개수로 계량

재료명	비율(%)	무게(g
박력분	100	500
마가린	33	165(16
쇼트닝	33	165(16
설탕	35	175(17
소금	1	5(6)
물엿	5	25(26
달걀	10	50
노른자	10	50
바닐라향	0.5	2.5(2
계	227.5	1,137. (1,142

0. 준비

① 가루재료 체치기, 오븐 예열, 철판 준비, 찍기틀

1. 반죽(요구사항 : 20℃)(큰 볼, 손거품기)

① 마가린과 쇼트닝을 충분히 풀어준다.
② 소금을 넣고 풀다가 설탕 1/2과 물엿을 넣고 크림화한다.
③ 나머지 설탕을 2회로 나누어 넣어 섞고, 달걀+노른자를 넣고 섞는다.
④ 체친 박력분을 2회로 나누어 섞되, 총 80%만 섞은 뒤 비닐에 싸서 휴지한다.

Tip 휴지제품들은 100% 섞어주면 글루텐 형성이 많아져 질어질 수 있다.(휴지시간 길어짐)

Tip 쿠키류는 반죽에 설탕이 30% 정도 남아 있어야 바삭하며, 모양이 퍼지지 않는다.
달걀을 넣은 후에도 설탕이 다 녹지 말아야 한다.

2. 냉장 휴지(20~30분)

3. 성형(요구사항 : 정형기 사용, 두께 0.7~0.8cm)

① 반죽을 2개로 나누어 요구사항 두께를 맞추어 밀어준다.
② 정형기를 이용하여 틈새없이 찍어 팬닝을 한다.
• 덧가루를 붓으로 털어내면서 한다.
③ 요구사항 : 노른자칠을 하여 무늬 내주기
• 붓으로 노른자칠을 2번 하고 포크로 격자나 물결무늬를 내어준다.

Tip 노른자를 먼저 1번 바른 뒤 살짝 말리고 2번째 발라 준 뒤 마르기 전에 포크로 무늬를 내준다.

4. 굽기

① 190/150℃ 12분(+3) 굽기
• 굽기 중 밑색이 먼저 나면 이중팬 사용

5. 평가 및 원인

① 제품의 균일한 두께 유지, 격자모양 및 달걀물칠

슈

2시간

요구사항

요구사항제법 : 반죽 익반죽(호화제

슈를 제조하여 제출하시오.

1. 배합표의 각 재료를 계량하여 재료별로 진열하시오(5분).
2. 껍질 반죽은 수작업으로 하시오.
3. 반죽은 직경 3cm 전후의 원형으로 짜시오.
4. 커스터드 크림을 껍질에 넣어 제품을 완성하시오.
5. 반죽은 전량을 사용하여 성형하시오.

- 재료 계량(재료당 1분) → [감독위원 계량 확인] → 작품 제조 및 정리정돈(전체 시험시간–재료 계량시간)
- 재료 계량시간 내에 계량을 완료하지 못하여 시간이 초과된 경우 및 계량을 잘못한 경우는 추가의 시간 부여 없이 작품 제조 및 정리정돈 시간을 활용하여 요구사항의 무게대로 계량
- 달걀의 계량은 감독위원이 지정하는 개수로 계량

재료명	비율(%)	무게(g
물	125	250
버터	100	200
소금	1	2
중력분	100	200
달걀	200	400
계	**526**	**1,052**
(※ 충전용 재료는 계량시간에서 제외		
커스터드 크림	500	1,000

0. 준비

① 중력분 체치기, 오븐 예열, 철판, 분무기, 원형깍지, 짤주머니

1. 반죽(큰 볼, 나무주걱)

① 찬물 + 소금 + 버터를 버터와 소금이 충분히 용해될 때까지 바글바글 끓여준다.
② 불을 끄고 체친 가루를 넣고 재빠르게 혼합하여 준다.
③ 불 위에서 1분 정도 볶아 수분을 날린다.
④ 달걀을 풀어 조금씩 넣어가며 되기 조절을 한다. 달걀이 남을 수 있다.

Tip 반죽의 열기가 남아 있을 때 짜준다. 완전히 식으면 오븐 팽창에 영향을 미친다.
달걀의 양은 반죽의 호화 정도/온도에 따라 유동적이다.

2. 반죽 짜기 & 분무
(요구사항 : 직경 3cm 전후의 원형)

① 반죽을 동전모양처럼 둥글게 요구사항 크기로 짜준다.
② 분무기로 반죽 테두리에 물이 고일 정도로 고루 분무하여 준다.

Tip 슈는 호화제품이어서 팽창이 크게 되므로 반죽과 반죽 사이를 크게 벌려준다.

3. 굽기

① 190/170℃ 20분(+5) 굽기

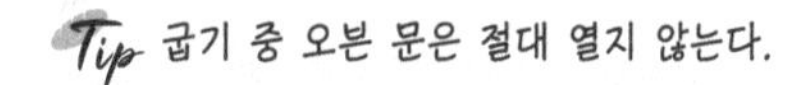

Tip 굽기 중 오븐 문은 절대 열지 않는다.

4. 크림 충전하기

① 슈 밑을 젓가락이나 깍지를 이용하여 구멍을 내어준다.
② 크림을 슈 안에 절반 정도만 먼저 채워준 뒤, 남은 크림을 조금씩 더 넣어 채운다.

5. 평가 및 원인

① 바닥면이 평평해야 한다. 크림을 일정하게 충전한다.

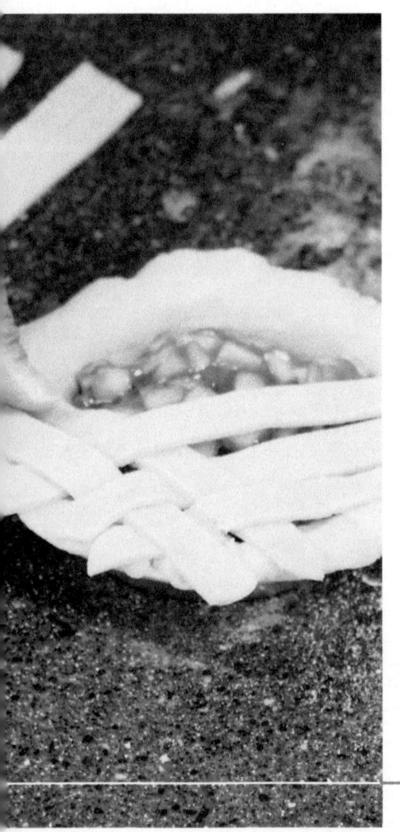

제과제빵기능사 실기

Chapter 3

×

제빵 실기

식빵(비상스트레이트법)

2시간 40분

요구사항

식빵을 제조하여 제출하시오.

❶ 배합표의 각 재료를 계량하여 재료별로 진열하시오(8분).

❷ 비상스트레이트법 공정에 의해 제조하시오.
(반죽온도는 30℃로 한다.)

❸ 표준분할무게는 170g으로 하고, 제시된 팬의 용량을 감안하여 결정하시오.
(단, 분할무게×3을 1개의 식빵으로 함)

❹ 반죽은 전량을 사용하여 성형하시오.

- 재료 계량(재료당 1분) → [감독위원 계량 확인] → 작품 제조 및 정리정돈(전체 시험시간-재료 계량시간)
- 재료 계량시간 내에 계량을 완료하지 못하여 시간이 초과된 경우 및 계량을 잘못한 경우는 추가의 시간 부여 없이 작품 제조 및 정리정돈 시간을 활용하여 요구사항의 무게대로 계량
- 달걀의 계량은 감독위원이 지정하는 개수로 계량

요구사항제법 : 비상스트레이트

재료명	비율(%)	무게(g
강력분	100	1,200
물	63	756
이스트	5	60
제빵개량제	2	24
설탕	5	60
쇼트닝	4	48
탈지분유	3	36
소금	1.8	21.6(2
계	183.8	2,205. (2,206

0. 준비

① 유지 부드럽게, 식빵틀 4개, 반죽온도

1. 반죽(110%, 요구사항 : 30℃)

① 가루재료 + 이스트 + 물을 투입하여 저속믹싱한다.
② 클린업 단계에서 유지 넣고 중속믹싱한다.
- 고속믹싱하여 마무리한다.

③ 믹싱 완료, 온도 체크 후 뺀다.
- 비상스트레이트법은 신장성이 최대일 때까지

2. 1차 발효(30℃, 75~80%)

① 30분 한다.

3. 분할(요구사항 : 170g) & 중간발효

① 170g씩 분할 후 둥글리기
② 중간발효 : 실온 10분(+5)

Tip 분할할 때 삼봉형 식빵은 4개 제품에×3덩어리씩 12개가 나오므로 대략 12개로 등분하면 좋다.

4. 성형(요구사항 : 삼봉형)

① 반죽을 중간에서 위아래로 밀어 타원으로 밀어준다.
② 3겹접기를 한 뒤 반죽을 세워 길이 20cm와 두께를 균일하게 맞춘다.
③ 반죽을 말아 이음매를 정리한다.

5. 팬닝(3덩어리씩 1팬)

① 이음매와 같은 방향으로 정리하여 틀에 넣어준다.

6. 2차 발효(35℃, 80~85%)

① 30분(+10) 틀 위로 1cm까지

7. 굽기

① 180/190℃로 30분(+5) 굽기

Tip 식빵은 옆면의 껍질이 형성되어야 빵의 구조를 가질 수 있다. 색이 연하면 수분이 많아 주저앉은 제품이 나오기 쉽다.

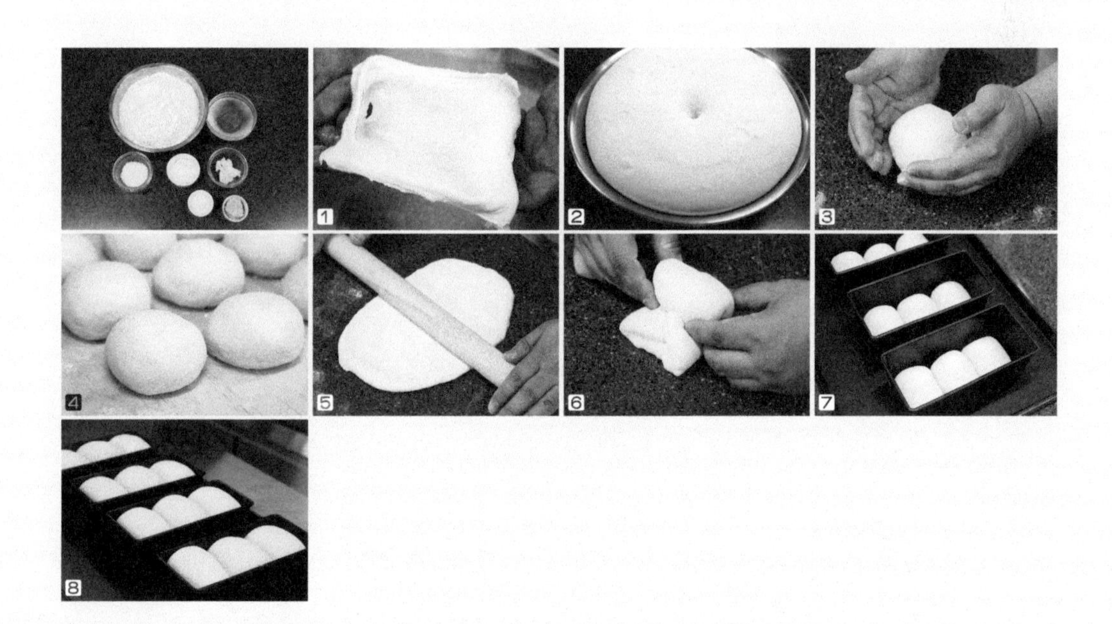

우유식빵

⏲ **3**시간 **40**분

요구사항

요구사항제법 : 스트레이트법

우유식빵을 제조하여 제출하시오.

❶ 배합표의 각 재료를 계량하여 재료별로 진열하시오(8분).
❷ 반죽은 스트레이트법으로 제조하시오.
(단, 유지는 클린업 단계에 첨가하시오.)
❸ 반죽온도는 27℃를 표준으로 하시오.
❹ 표준분할무게는 180g으로 하고, 제시된 팬의 용량을 감안하여 결정하시오.
(단, 분할무게×3을 1개의 식빵으로 함)
❺ 반죽은 전량을 사용하여 성형하시오.

◆ 재료 계량(재료당 1분) → [감독위원 계량 확인] → 작품 제조 및 정리정돈(전체 시험시간–재료 계량시간)
◆ 재료 계량시간 내에 계량을 완료하지 못하여 시간이 초과된 경우 및 계량을 잘못한 경우는 추가의 시간 부여 없이 작품 제조 및 정리정돈 시간을 활용하여 요구사항의 무게대로 계량
◆ 달걀의 계량은 감독위원이 지정하는 개수로 계량

재료명	비율(%)	무게(g
강력분	100	1,200
우유	40	480
물	29	348
이스트	4	48
제빵개량제	1	12
소금	2	24
설탕	5	60
쇼트닝	4	48
계	185	2,220

0. 준비

① 유지 부드럽게, 식빵틀 4개, 우유 준비

1. 반죽(110%, 요구사항 : 27℃)

① 가루재료 + 우유 + 물 + 이스트를 투입하여 저속믹싱한다.
② 클린업 단계에서 유지 넣고 중속믹싱한다.
③ 믹싱 완료, 온도 체크 후 뺀다.

2. 1차 발효(27℃, 75~80%)

① 50분(+10) 한다.

3. 분할(요구사항 : 180g) & 중간발효

① 180g씩 분할 후 둥글리기
② 중간발효 : 실온 15분(+5)

Tip 분할할 때 삼봉형 식빵은 4개 제품에×3덩어리씩 12개가 나오므로 대략 12등분을 하면 좋다.

4. 성형(요구사항 : 삼봉형)

① 반죽을 중간에서 위아래로 밀어 타원으로 밀어준다.
② 3겹접기를 한 뒤 반죽을 세워 길이 20cm와 두께를 균일하게 맞춘다.
③ 반죽을 말아 이음매를 정리한다.

5. 팬닝(3덩어리씩 1팬)

① 이음매와 같은 방향으로 정리하여 틀에 넣어준다.

6. 2차 발효(35℃, 80~85%)

① 30분(+10) 틀 위로 1cm까지

7. 굽기

① 180/190℃로 30분(+5) 굽기

Tip 식빵은 옆면의 껍질이 형성되어야 빵의 구조를 가질 수 있다. 색이 연하면 수분이 많아 주저앉은 제품이 나오기 쉽다.

풀만식빵

3시간 40분

요구사항

요구사항제법 : 스트레이트법

풀만식빵을 제조하여 제출하시오.

1. 배합표의 각 재료를 계량하여 재료별로 진열하시오(9분).
2. 반죽은 스트레이트법으로 제조하시오.
   (단, 유지는 클린업 단계에 첨가하시오.)
3. 반죽온도는 27℃를 표준으로 하시오.
4. 표준분할무게는 250g으로 하고, 제시된 팬의 용량을 감안하여 결정하시오.
   (단, 표준분할무게×2를 1개의 식빵으로 함)
5. 반죽은 전량을 사용하여 성형하시오.

- 재료 계량(재료당 1분) → [감독위원 계량 확인] → 작품 제조 및 정리정돈(전체 시험시간–재료 계량시간)
- 재료 계량시간 내에 계량을 완료하지 못하여 시간이 초과된 경우 및 계량을 잘못한 경우는 추가의 시간 부여 없이 작품 제조 및 정리정돈 시간을 활용하여 요구사항의 무게대로 계량
- 달걀의 계량은 감독위원이 지정하는 개수로 계량

재료명	비율(%)	무게(g
강력분	100	1,400
물	58	812
이스트	4	56
제빵개량제	1	14
소금	2	28
설탕	6	84
쇼트닝	4	56
달걀	5	70
분유	3	42
계	183	2,562

0. 준비

① 유지 부드럽게, 식빵틀 4개, 반죽온도

1. 반죽(100%, 요구사항 : 27℃)

① 가루재료 + 물 + 달걀을 투입하여 저속믹싱한다.
② 클린업 단계에서 유지 넣고 중속믹싱한다.
③ 믹싱 완료, 온도 체크 후 뺀다.

2. 1차 발효(27℃, 75~80%)

① 50분(+10) 한다.

3. 분할(요구사항 : 250g) & 중간발효

① 250g씩 분할 후 둥글리기
② 중간발효 : 실온 15분(+5)

Tip 분할할 때 풀만식빵은 4개 제품에×2덩어리씩 8등분을 하면 좋다.

4. 성형(요구사항 : 삼봉형)

① 반죽을 중간에서 위아래로 밀어 타원으로 밀어준다.
② 느슨한 3겹접기를 한 뒤 반죽을 세워 길이 25cm와 두께를 균일하게 맞춘다.
③ 반죽을 말아 이음매를 정리한다.

5. 팬닝(2덩어리씩 1팬)

① 이음매와 같은 방향으로 정리하여 틀에 넣어준다.

6. 2차 발효(35℃, 80~85%)

① 30분(+10) 틀 아래로 1cm 발효한 뒤 뚜껑을 덮고 실온에서 5분 정도 발효한다.

7. 굽기

① 190/190℃로 35분(+5) 굽기

Tip 식빵은 옆면의 껍질이 형성되어야 빵의 구조를 가질 수 있다. 색이 연하면 수분이 많아 주저앉은 제품이 나오기 쉽다. 다른 식빵에 비해 면적이 넓기 때문에 수분을 잘 날려줘야 주저앉지 않는다.

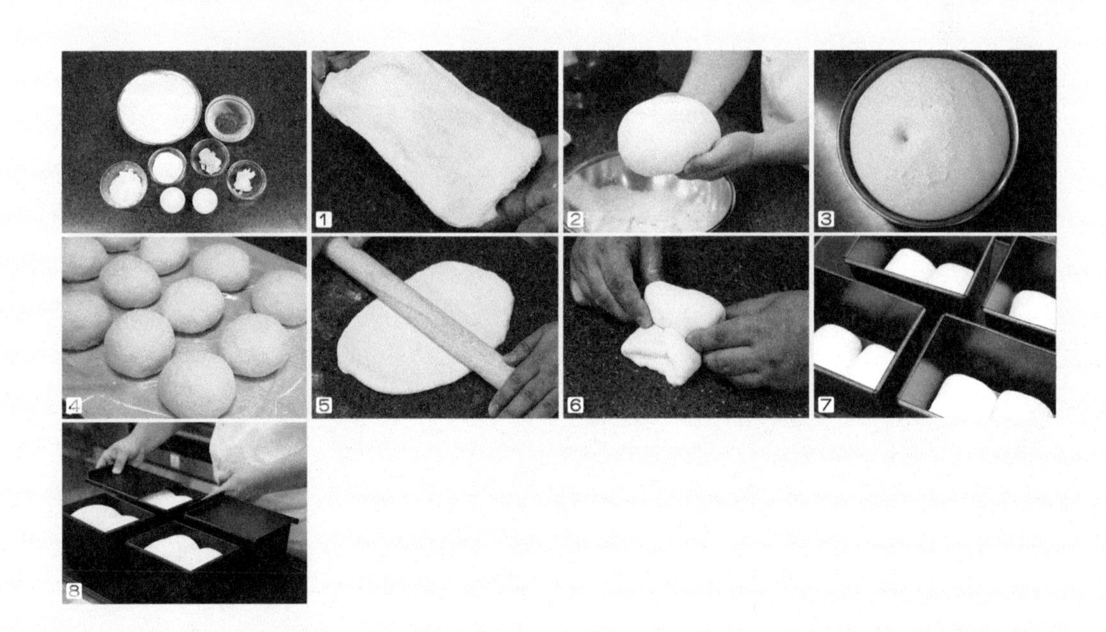

버터톱식빵

3시간 30분

요구사항

요구사항제법 : 스트레이트법

버터톱식빵을 제조하여 제출하시오.

1. 배합표의 각 재료를 계량하여 재료별로 진열하시오(9분).
2. 반죽은 스트레이트법으로 제조하시오.
   (단, 유지는 클린업 단계에 첨가하시오.)
3. 반죽온도는 27℃를 표준으로 하시오.
4. 분할무게 460g짜리 5개를 만드시오(한덩이 : one loaf).
5. 윗면을 길이로 자르고 버터를 짜 넣는 형태로 만드시오.
6. 반죽은 전량을 사용하여 성형하시오.

- 재료 계량(재료당 1분) → [감독위원 계량 확인] → 작품 제조 및 정리정돈(전체 시험시간–재료 계량시간)
- 재료 계량시간 내에 계량을 완료하지 못하여 시간이 초과된 경우 및 계량을 잘못한 경우는 추가의 시간 부여 없이 작품 제조 및 정리정돈 시간을 활용하여 요구사항의 무게대로 계량
- 달걀의 계량은 감독위원이 지정하는 개수로 계량

재료명	비율(%)	무게(g
강력분	100	1,200
물	40	480
이스트	4	48
제빵개량제	1	12
소금	1.8	21.6(2
설탕	6	72
버터	20	240
탈지분유	3	36
달걀	20	240
계	195.8	2,349. (2,35
(※ 계량시간에서 제외)		
버터(바르기용)	5	60

0. 준비

① 유지 부드럽게, 식빵틀 4개, 버터 준비, 칼 준비

1. 반죽(100%, 요구사항 : 27℃)

① 가루재료 + 물 + 달걀 + 이스트를 투입하여 저속믹싱한다.
② 클린업 단계에서 유지 넣고 중속믹싱한다.
③ 믹싱 완료, 온도 체크 후 뺀다.

2. 1차 발효(27℃, 75~80%)

① 50분(+10) 한다.

3. 분할(요구사항 : 460g) & 중간발효

① 460g씩 분할 후 둥글리기
② 중간발효 : 실온 10분(+5)

Tip 분할할 때 원로프 제품은 5덩어리가 나오므로 5등분을 하면 좋다.

4. 성형(요구사항 : 원로프)

① 반죽을 중간에서 위아래로 타원으로 밀어준다.
② 위에서부터 아래로 길이를 맞추어 말아준다.(두께가 균일하게 말아준다.)
③ 반죽을 말아 이음매를 정리한다.

5. 팬닝

① 이음매와 같은 방향으로 정리하여 틀에 넣어준다.

6. 2차 발효(35℃, 80~85%)

① 40분(+10) 틀 위로 0.5cm까지

7. 토핑

① 2차 발효 후 표면은 말린 후 칼집을 넣고 그 위로 버터를 한 줄 짜준다.

8. 굽기

① 180/190℃로 30분(+5) 굽기

Tip 식빵은 옆면의 껍질이 형성되어야 빵의 구조를 가질 수 있다. 색이 연하면 수분이 많아 주저앉은 제품이 나오기 쉽다.
버터를 짠 부분이 타서 나올 수 있다.

옥수수식빵

3시간 40분

요구사항

요구사항제법 : 스트레이트법

옥수수식빵을 제조하여 제출하시오.

1. 배합표의 각 재료를 계량하여 재료별로 진열하시오(10분).
2. 반죽은 스트레이트법으로 제조하시오.
   (단, 유지는 클린업 단계에 첨가하시오.)
3. 반죽온도는 27℃를 표준으로 하시오.
4. 표준분할무게는 180g으로 하고, 제시된 팬의 용량을 감안하여 결정하시오.
   (단, 분할무게×3을 1개의 식빵으로 함)
5. 반죽은 전량을 사용하여 성형하시오.

- 재료 계량(재료당 1분) → [감독위원 계량 확인] → 작품 제조 및 정리정돈(전체 시험 시간-재료 계량시간)
- 재료 계량시간 내에 계량을 완료하지 못하여 시간이 초과된 경우 및 계량을 잘못한 경우는 추가의 시간 부여 없이 작품 제조 및 정리정돈 시간을 활용하여 요구사항의 무게대로 계량
- 달걀의 계량은 감독위원이 지정하는 개수로 계량

재료명	비율(%)	무게(g
강력분	80	960
옥수수분말	20	240
물	60	720
이스트	3	36
제빵개량제	1	12
소금	2	24
설탕	8	96
쇼트닝	7	84
탈지분유	3	36
달걀	5	60
계	189	2,268

0. 준비

① 유지 부드럽게, 식빵틀 4개, 버터 준비, 칼 준비

1. 반죽(100%, 요구사항 : 27℃)

① 가루재료 + 물 + 달걀 + 이스트를 투입하여 저속믹싱한다.
② 클린업 단계에서 유지 넣고 중속믹싱한다.
③ 믹싱 완료, 온도 체크 후 뺀다.
- 옥수수분말 때문에 글루텐이 쉽게 찢어질 수 있고, 끈적임이 생긴다. 반죽온도가 높으면 끈적임은 더해진다.

2. 1차 발효(27℃, 75~80%)

① 50분(+10) 한다.

3. 분할(요구사항 : 180g) & 중간발효

① 180g씩 분할 후 둥글리기
② 중간발효 : 실온 10분(+5)

Tip 분할할 때 삼봉형 식빵은 12개가 나오므로 12개로 등분하면 좋다.

4. 성형(요구사항 : 삼봉형)

① 반죽을 중간에서 위아래로 타원으로 밀어준다.
② 3겹접기를 한 뒤 반죽을 세워 길이 20cm와 두께를 균일하게 맞춘다.
③ 반죽을 말아 이음매를 정리한다.
- 옥수수식빵은 끊어질 수 있으므로 강하게 밀지 않는다.

5. 팬닝(3덩어리씩 1팬)

① 이음매와 같은 방향으로 정리하여 틀에 넣어준다.

6. 2차 발효(35℃, 80~85%)

① 40분(+10) 틀 위로 1cm까지

7. 굽기

① 180/190℃로 30분(+5) 굽기

Tip 식빵은 옆면의 껍질이 형성되어야 빵의 구조를 가질 수 있다. 색이 연하면 수분이 많아 주저앉은 제품이 나오기 쉽다.
옥수수식빵은 특유의 노란빛이 날 수 있도록 너무 진하게 굽지 않는 것이 좋다.

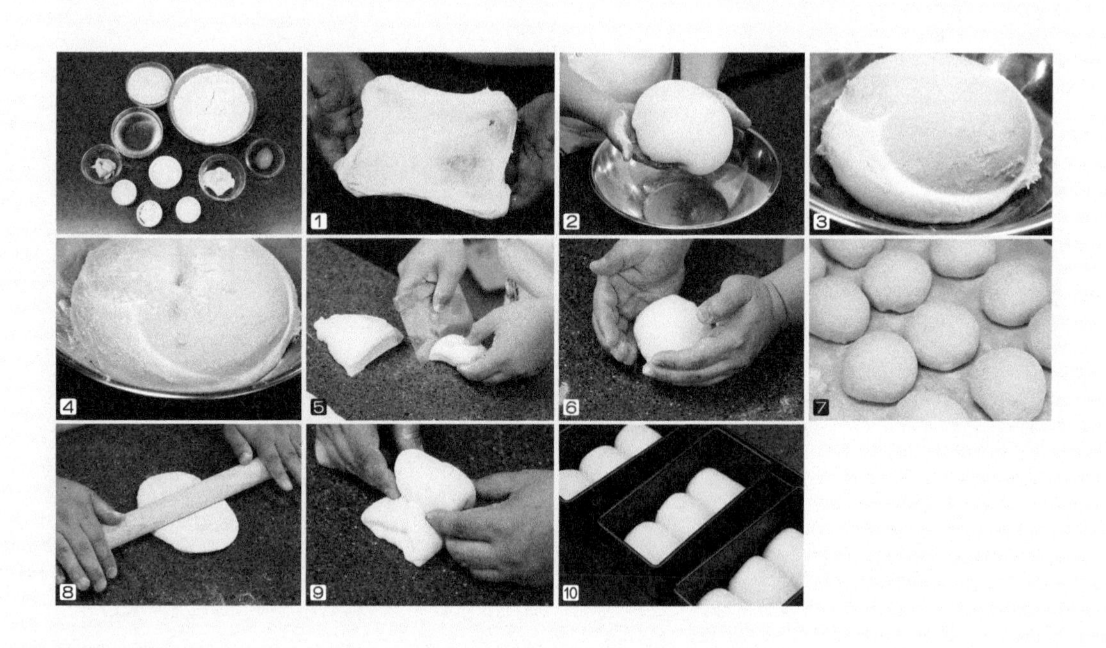

밤식빵

3시간 40분

요구사항

밤식빵을 제조하여 제출하시오.

1. 반죽 재료를 계량하여 재료별로 진열하시오(10분).
2. 반죽은 스트레이트법으로 제조하시오.
3. 반죽온도는 27℃를 표준으로 하시오.
4. 분할무게는 450g으로 하고, 성형 시 450g의 반죽에 80g의 통조림 밤을 넣고 정형하시오(한덩이 : one loaf).
5. 토핑물을 제조하여 굽기 전에 토핑하고 아몬드를 뿌리시오.
6. 반죽은 전량을 사용하여 성형하시오.

- 재료 계량(재료당 1분) → [감독위원 계량 확인] → 작품 제조 및 정리정돈(전체 시험시간–재료 계량시간)
- 재료 계량시간 내에 계량을 완료하지 못하여 시간이 초과된 경우 및 계량을 잘못한 경우는 추가의 시간 부여 없이 작품 제조 및 정리정돈 시간을 활용하여 요구사항의 무게대로 계량
- 달걀의 계량은 감독위원이 지정하는 개수로 계량

요구사항제법 : 스트레이트법

반죽

재료명	비율(%)	무게(g
강력분	80	960
중력분	20	240
물	52	624
이스트	4.5	54
제빵개량제	1	12
소금	2	24
설탕	12	144
버터	8	96
탈지분유	3	36
달걀	10	120
계	192.5	2,310

토핑(계량시간에서 제외)

재료명	비율(%)	무게(
마가린	100	100
설탕	60	60
베이킹파우더	2	2
달걀	60	60
중력분	100	100
아몬드 슬라이스	50	50
밤 다이스(시럽 제외)	35	420
계	372	372

0. 준비

① 유지 부드럽게, 식빵틀 4개, 전용깍지, 짤주머니

1. 반죽(100%, 요구사항 : 27℃)

① 가루재료 + 물 + 달걀 + 이스트를 투입하여 저속믹싱한다.
② 클린업 단계에서 유지 넣고 중속믹싱한다.
③ 믹싱 완료, 온도 체크 후 뺀다.

2. 1차 발효(27℃, 75~80%)

① 50분(+10) 한다.

3. 토핑 제조(크림법 제조)

① 마가린을 풀어준 뒤, 설탕을 넣고 크림화한다.
② 달걀을 넣고 분리되지 않게 크림화한다.
③ 체친 가루를 넣고 섞어준다.
④ 전용깍지를 낀 짤주머니에 담아둔다.

4. 분할(요구사항 : 450g) & 중간발효

① 450g씩 분할 후 둥글리기
② 중간발효 : 실온 10분(+5)

Tip 분할할 때 원로프 제품은 5덩어리가 나오므로 5등분을 하면 좋다.

5. 성형(요구사항 : 원로프)

① 반죽을 중간에서 위아래로 밀어 타원으로 밀어준다.
② 반죽 위에 80g의 밤을 골고루 올려준다.
③ 위에서부터 아래로 길이를 맞추어 말아준 후 이음매를 정리한다.
• 밤은 미리 물기를 제거해 둔다.

6. 팬닝

① 이음매와 같은 방향으로 정리하여 간격을 맞춰 틀에 넣어준다.

7. 2차 발효(35℃, 80~85%)

① 40분(+10) 틀 높이까지만 발효한다.

8. 토핑

① 2차 발효 후 겉을 살짝 말린 반죽 위에 토핑을 4줄씩 짜준다.
② 아몬드 슬라이스를 골고루 뿌려준다.

9. 굽기

① 180/190℃로 35분(+5) 굽기

Tip 밤 내용물이 반죽 안에 고르게 분포되어야 하며, 토핑 및 아몬드 슬라이스도 고르게 뿌려준다.

쌀식빵

3시간 40분

요구사항

요구사항제법 : 스트레이트법

쌀식빵을 제조하여 제출하시오.

❶ 배합표의 각 재료를 계량하여 재료별로 진열하시오(9분).

❷ 반죽은 스트레이트법으로 제조하시오.
(단, 유지는 클린업 단계에 첨가하시오.)

❸ 반죽온도는 27℃를 표준으로 하시오.

❹ 분할무게는 198g으로 하고, 제시된 팬의 용량을 감안하여 결정하시오.
(단, 분할무게×3을 1개의 식빵으로 함)

❺ 반죽은 전량을 사용하여 성형하시오.

- 재료 계량(재료당 1분) → [감독위원 계량 확인] → 작품 제조 및 정리정돈(전체 시험시간–재료 계량시간)
- 재료 계량시간 내에 계량을 완료하지 못하여 시간이 초과된 경우 및 계량을 잘못한 경우는 추가의 시간 부여 없이 작품 제조 및 정리정돈 시간을 활용하여 요구사항의 무게대로 계량
- 달걀의 계량은 감독위원이 지정하는 개수로 계량

재료명	비율(%)	무게(g
강력분	70	910
쌀가루	30	390
물	63	819(82
이스트	3	39(40
소금	1.8	23.4(2
설탕	7	91(90
쇼트닝	5	65(66
탈지분유	4	52
제빵계량제	2	26
계	185.8	2,415. (2,418

0. 준비

① 유지 부드럽게, 식빵틀 4개

1. 반죽(100%, 요구사항 : 27℃)

① 가루재료 + 우유 + 물 + 이스트를 투입하여 저속믹싱한다.
② 클린업 단계에서 유지 넣고 중속믹싱한다.
③ 믹싱 완료, 온도 체크 후 뺀다.

2. 1차 발효(27℃, 75~80%)

① 50분(+10) 한다.

3. 분할(요구사항 : 180g) & 중간발효

① 198g씩 분할 후 둥글리기
② 중간발효 실온 15분(+5)

Tip 분할할 때 삼봉형 식빵은 4개 제품에×3덩어리씩 12개가 나오므로 대략 12개로 등분하면 좋다.

4. 성형(요구사항 : 삼봉형)

① 반죽을 중간에서 위아래로 밀어 타원으로 밀어준다.
② 3겹접기를 한 뒤 반죽을 세워 길이 20cm와 두께를 균일하게 맞춘다.
③ 반죽을 말아 이음매를 정리한다.

5. 팬닝(3덩어리씩 1팬)

① 이음매를 같은 방향으로 정리하여 틀에 넣어준다.

6. 2차 발효(35℃, 80~85%)

① 30분(+10) 틀 위로 1cm 때까지

7. 굽기

① 180/190℃로 30분(+5) 굽기

Tip 식빵은 옆에 색으로 인해 껍질이 형성되어야 빵의 구조를 가질 수 있다. 색이 연하면 수분이 많아 주저앉은 제품이 나오기 쉽다.

호밀빵

3시간 30분

요구사항

요구사항제법 : 스트레이트법

호밀빵을 제조하여 제출하시오.

1. 배합표의 각 재료를 계량하여 재료별로 진열하시오(10분).
2. 반죽은 스트레이트법으로 제조하시오.
3. 반죽온도는 25℃를 표준으로 하시오.
4. 표준분할무게는 330g으로 하시오.
5. 제품의 형태는 타원형(럭비공 모양)으로 제조하고, 칼집 모양을 가운데 일자로 내시오.
6. 반죽은 전량을 사용하여 성형하시오.

- 재료 계량(재료당 1분) → [감독위원 계량 확인] → 작품 제조 및 정리정돈(전체 시험 시간-재료 계량시간)
- 재료 계량시간 내에 계량을 완료하지 못하여 시간이 초과된 경우 및 계량을 잘못한 경우는 추가의 시간 부여 없이 작품 제조 및 정리정돈 시간을 활용하여 요구사항의 무게대로 계량
- 달걀의 계량은 감독위원이 지정하는 개수로 계량

재료명	비율(%)	무게(g)
강력분	70	770
호밀가루	30	330
이스트	3	33
제빵개량제	1	11(12)
물	60~65	660~715
소금	2	22
황설탕	3	33(34)
쇼트닝	5	55(56)
탈지분유	2	22
몰트액	2	22
계	178~183	1,958~2,0

0. 준비

① 물 + 몰트, 유지 부드럽게, 칼

1. 반죽(80%, 요구사항 : 25℃)

① 가루재료 + 이스트 + 물 + 몰트액 섞어 전 재료 저속믹싱한다.
② 클린업 단계에서 유지 넣고 중속믹싱한다.
③ 믹싱 완료, 온도 체크 후 뺀다.
- 호밀분말 30% 첨가되어 글루텐이 부족하다. 쉽게 찢어질 수 있고 호밀분말은 글루텐을 만들지 못해 반죽에 힘이 없다. 반죽온도 상승 시 끈적임은 더 심해지므로 다른 반죽에 비해 온도가 낮다.

2. 1차 발효(27℃, 75~80%)

① 50분(+10) 한다.

Tip 몰트는 발아된 맥아로서 효소가 포함되어 있어, 발효공정에 적당한 풍미와 발효에 도움을 받을 수 있다.

3. 분할(요구사항 : 330g) & 중간발효

① 330g씩 분할 후 둥글리기
- 찢어지지 않게 가볍게 살짝 타원형태로 말아만 준다.

② 중간발효 : 실온 15분(+5)

4. 성형(요구사항 : 럭비공)

① 밀대로 타원형태에서 위아래로 길게 늘려준다.
② 위에서 아래로 가볍게 럭비공모양으로 말아준다. (길이 확인)

5. 팬닝

① 이음매를 아래로 하여 팬에 3개씩 팬닝한다.

6. 2차 발효(35℃, 75~80%)

① 30분(+10) 팬을 흔들었을 때 반죽이 흔들리면 완료

7. 칼집내기

① 실온에서 건발효시킨 뒤 가운데를 가볍게 칼로 칼집을 내준다.

8. 굽기

① 190/160℃로 30분(+5) 굽기

모카빵

3시간 30분

요구사항

모카빵을 제조하여 제출하시오.

1. 배합표의 빵반죽 재료를 계량하여 재료별로 진열하시오(11분).
2. 반죽은 스트레이트법으로 제조하시오.
   (단, 유지는 클린업 단계에 첨가하시오.)
3. 반죽온도는 27℃를 표준으로 하시오.
4. 반죽 1개의 분할무게는 250g, 1개당 비스킷은 100g씩으로 제조하시오.
5. 제품의 형태는 타원형(럭비공 모양)으로 제조하시오.
6. 토핑용 비스킷은 주어진 배합표에 의거 직접 제조하시오.
7. 완제품 6개를 제출하고 남은 반죽은 감독위원 지시에 따라 별도로 제출하시오.

- 재료 계량(재료당 1분) → [감독위원 계량 확인] → 작품 제조 및 정리정돈(전체 시험시간–재료 계량시간)
- 재료 계량시간 내에 계량을 완료하지 못하여 시간이 초과된 경우 및 계량을 잘못한 경우는 추가의 시간 부여 없이 작품 제조 및 정리정돈 시간을 활용하여 요구사항의 무게대로 계량
- 달걀의 계량은 감독위원이 지정하는 개수로 계량

요구사항제법 : 스트레이트법

빵반죽

재료명	비율(%)	무게(g
강력분	100	850
물	45	382.5(38
이스트	5	42.5(4
제빵개량제	1	8.5(8)
소금	2	17(16
설탕	15	127.5(1
버터	12	102
탈지분유	3	25.5(2
달걀	10	85(86
커피	1.5	12.75(
건포도	15	127.5(1
계	209.5	1,780. (1,780

토핑용 비스킷(계량시간에서 제외)

재료명	비율(%)	무게(g
박력분	100	350
버터	20	70
설탕	40	140
달걀	24	84
베이킹파우더	1.5	5.25(
우유	12	42
소금	0.6	2.1(2
계	198.1	693.3 (693

0. 준비

① 물 + 커피, 유지 부드럽게, 건포도 전처리

1. 반죽(100%, 요구사항 : 27℃)

① 가루재료 + 이스트 + 물 + 커피 + 달걀을 섞어 저속 믹싱한다.
② 클린업 단계에서 유지 넣고 중속믹싱한다.
③ 믹싱 완료 후 전처리 건포도 투입 후 저속믹싱한다.
- 건포도가 으깨지지 않도록 한다.

2. 1차 발효(27℃, 75~80%)

① 50분(+10) 한다.

3. 토핑 비스킷 제조(크림법 제조)

① 버터를 풀어준 뒤, 소금을 넣고 섞다가 설탕을 넣고 섞어준다.
② 달걀이 분리되지 않게 섞어준 뒤, 우유 1/2을 넣고 섞어준다.
③ 체친 박력분 + 베이킹파우더를 넣고 보슬한 상태에서 남은 우유로 되기를 조절해 준다.
④ 100g씩 분할하여 휴지한다.

4. 분할(요구사항 : 250g × 6개) & 중간발효

① 250g씩 분할 후 둥글리기
- 건포도가 한쪽으로 몰려 부피 차이가 생기지 않도록 한다.

② 중간발효 : 실온 15분(+5)

5. 성형(요구사항 : 럭비공)

→ 남은 반죽은 감독관 지시에 따라 제출

① 반죽성형
- 반죽을 중간에서 위아래로 밀어 타원으로 말아준다.
- 위에서부터 타원형으로 단단히 말아준다. 건포도가 표면에 있으면 바닥으로 넣어준다.

② 토핑성형
- 분할된 토핑을 덧가루 없이 살짝 치대어 끈기를 만들어준다.
- 모카빵 넓이만큼 토핑을 길게 만들어준 뒤 덧가루를 충분히 묻힌다.
- 모카빵 길이만큼 밀어준 뒤 성형된 반죽을 아래 부분까지 감싸준다.(너무 크게 밀어버리면 두께가 얇아지면서 발효 시 갈라짐이 적어진다.)

6. 팬닝

① 이음매를 아래로 하여 팬에 3개씩 팬닝한다.

7. 2차 발효(35℃, 80~85%)

① 40분(+10) 팬을 흔들었을 때 반죽이 흔들리면 완료

8. 굽기

① 180/160℃로 30분(+5) 굽기

통밀빵

3시간 30분

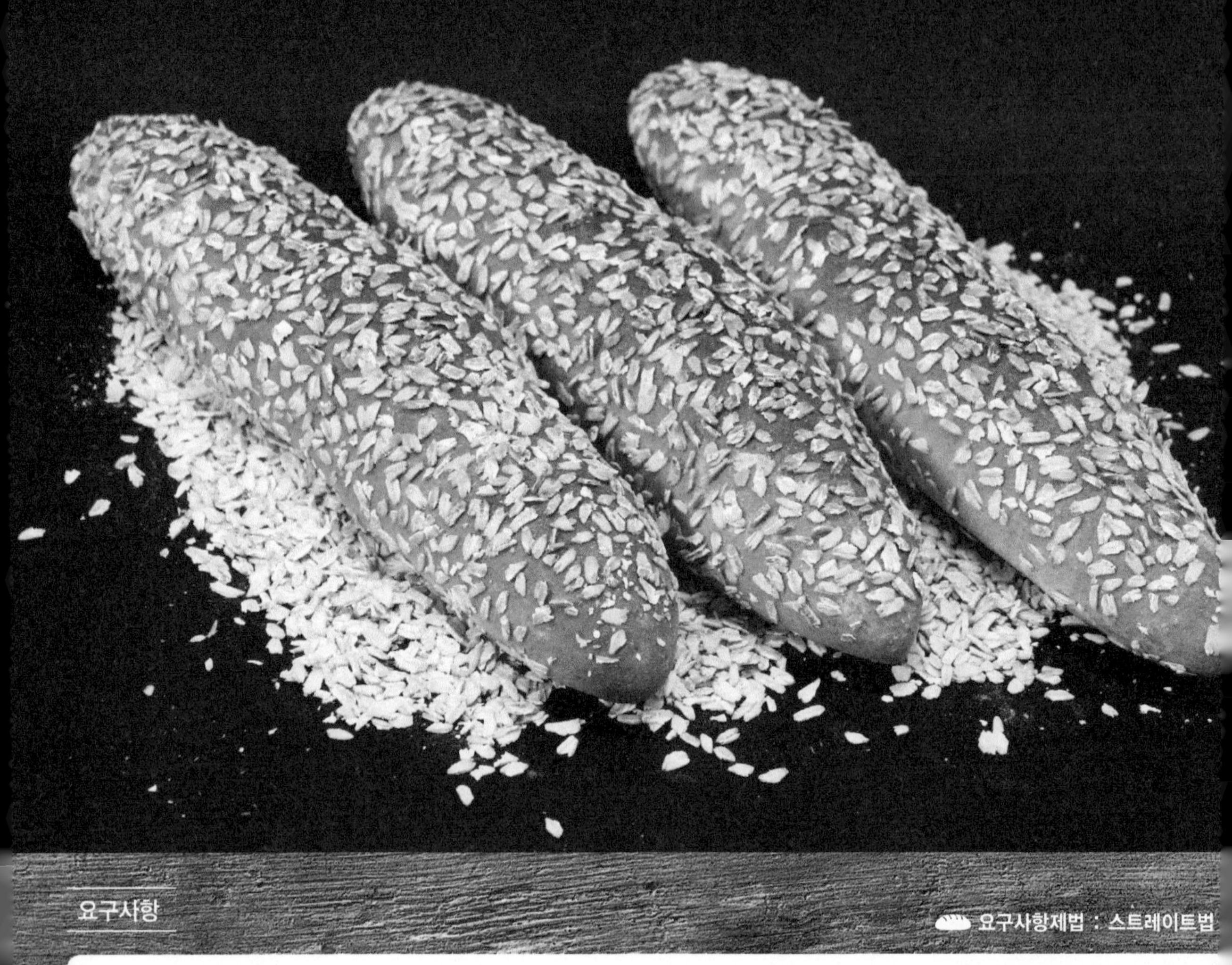

요구사항

요구사항제법 : 스트레이트법

통밀빵을 제조하여 제출하시오.

1. 배합표의 각 재료를 계량하여 재료별로 진열하시오(10분). (단, 토핑용 오트밀은 계량시간에서 제외한다.)
2. 반죽은 스트레이트법으로 제조하시오.
3. 반죽온도는 25℃를 표준으로 하시오.
4. 표준분할무게는 200g으로 하시오.
5. 제품의 형태는 밀대(봉)형(22~23cm)으로 제조하고, 표면에 물을 발라 오트밀을 보기 좋게 적당히 묻히시오.
6. 8개를 성형하여 제출하고 남은 반죽은 감독위원의 지시에 따라 별도로 제출하시오.

- 재료 계량(재료당 1분) → [감독위원 계량 확인] → 작품 제조 및 정리정돈(전체 시험시간–재료 계량시간)
- 재료 계량시간 내에 계량을 완료하지 못하여 시간이 초과된 경우 및 계량을 잘못한 경우는 추가의 시간 부여 없이 작품 제조 및 정리정돈 시간을 활용하여 요구사항의 무게대로 계량
- 달걀의 계량은 감독위원이 지정하는 개수로 계량

재료명	비율(%)	무게(g
강력분	80	800
통밀가루	20	200
이스트	2.5	25(24
제빵개량제	1	10
물	63~65	630~6
소금	1.5	15(14
설탕	3	30
버터	7	70
탈지분유	2	20
몰트액	1.5	15(14
계	181.5 ~183.5	1,812~1
(※ 토핑용 재료는 계량시간에서 제외		
(토핑용)오트밀	–	200g

0. 준비

① 물 + 몰트, 통밀 토핑

1. 반죽(80%, 요구사항 : 25℃)

① 가루재료 + 이스트 + 물 + 몰트액 섞어 전 재료 저속믹싱한다.
② 클린업 단계에서 유지 넣고 중속믹싱한다.
③ 믹싱 완료, 온도 체크 후 뺀다.

2. 1차 발효(27℃, 75~80%)

① 60분(+10) 한다.

Tip 몰트는 발아된 맥아로서 효소가 포함되어 있어, 발효공정에 적당한 풍미를 주고 발효에 도움을 받을 수 있다.

3. 분할(요구사항 : 200g) & 중간발효

① 200g씩 분할 후 둥글리기(찢어지지 않게 가볍게 한다.)
② 중간발효 : 실온 15분(+5)

4. 성형(요구사항 : 밀대형 22~23cm)

① 밀대로 위 요구사항 길이로 늘려준다.
② 반죽을 가로로 돌려 위에서부터 아래로 말아준다.

5. 토핑 묻히기

① 키친타월을 흠뻑 적셔서 테이블에 올려놓는다.(물이 마르면 보충한다.)
② 반죽을 굴려 수분을 묻힌다.
③ 오트밀을 옆면 아래까지 묻혀준다.

6. 팬닝

① 이음매를 아래로 하여 팬에 5개씩 팬닝한다.

7. 2차 발효(35℃, 75~80%)

① 40분(+5) 팬을 흔들었을 때 반죽이 흔들리면 완료

8. 굽기

① 190/160℃로 20분(+5) 굽기

단팥빵(비상스트레이트법)

3시간

요구사항

단팥빵(비상스트레이트법)을 제조하여 제출하시오.

❶ 배합표의 각 재료를 계량하여 재료별로 진열하시오(9분).

❷ 반죽은 비상스트레이트법으로 제조하시오.
(단, 유지는 클린업 단계에 첨가하고, 반죽온도는 30℃로 한다.)

❸ 반죽 1개의 분할무게는 50g, 팥앙금 무게는 40g으로 제조하시오.

❹ 반죽은 24개를 성형하여 제조하고, 남은 반죽은 감독위원의 지시에 따라 별도로 제출하시오.

◆ 재료 계량(재료당 1분) → [감독위원 계량 확인] → 작품 제조 및 정리정돈(전체 시험시간–재료 계량시간)

◆ 재료 계량시간 내에 계량을 완료하지 못하여 시간이 초과된 경우 및 계량을 잘못한 경우는 추가의 시간 부여 없이 작품 제조 및 정리정돈 시간을 활용하여 요구사항의 무게대로 계량

◆ 달걀의 계량은 감독위원이 지정하는 개수로 계량

요구사항제법 : 비상스트레이트

재료명	비율(%)	무게(g
강력분	100	900
물	48	432
이스트	7	63(64
제빵개량제	1	9(8)
소금	2	18
설탕	16	144
마가린	12	108
탈지분유	3	27(28
달걀	15	135(13
계	204	1,836 (1,838
(※ 충전용 재료는 계량시간에서 제외		
통팥앙금	150	1,44

0. 준비

① 유지 부드럽게, 누름팽이 준비

1. 반죽(100%, 요구사항 : 30℃)

① 가루재료 + 이스트 + 물 + 달걀을 섞어 전 재료 저속믹싱한다.
② 클린업 단계에서 유지 넣고 중속믹싱한다.
③ 믹싱 완료, 온도 체크 후 뺀다.
- 비상법은 온도가 높고 글루텐이 신장성 최대일 때 완료한다.

2. 1차 발효(30℃, 75~80%)

① 30분(+10) 한다.

3. 분할(요구사항 : 50g) & 중간발효

① 50g씩 분할 후 둥글리기
② 중간발효 : 실온 10분(+5)

Tip 1차 발효 중 앙금을 40g씩 분할해 놓는다. 단과자류는 분할 수가 많으므로 둥글리기 후 처음 반죽은 성형에 들어가도 좋다.

4. 성형(요구사항 : 50g, 앙금 40g) & 팬닝(3×4 배열 12개씩 4판)

① 반죽을 눌러 가스를 뺀 다음 분할된 앙금 40g을 포앙해 준다.
② 팬닝 3×4로 12개씩 눌러준 후 지름 7cm가량으로 맞춰준다.
③ 누름팽이를 이용하여 가운데를 뚫어준다.

5. 2차 발효(35℃, 80~85%)

① 30분(+10)

Tip 전량 제출 시 2판을 먼저 성형 후 발효시키고 나머지 2판을 작업한다.

6. 굽기

① 200/160℃로 13분(+2) 굽기
- 제품 바닥이 진하면 이중팬을 사용한다.

7. 평가

① 비상법의 단과자는 이스트 사용량이 증가함에 따라 표면에 잔 기포가 많이 생길 수 있다.
② 발효의 속도가 촉진됨에 따라 잔류 당이 남아 표면의 색이 얼룩질 수 있다.

크림빵(단과자빵)

3시간 30분

요구사항

요구사항제법 : 스트레이트법

크림빵(단과자빵)을 제조하여 제출하시오.

1. 배합표의 각 재료를 계량하여 재료별로 진열하시오(9분).
2. 반죽은 스트레이트법으로 제조하시오.
   (단, 유지는 클린업 단계에 첨가하시오.)
3. 반죽온도는 27℃를 표준으로 하시오.
4. 반죽 1개의 분할무게는 45g, 1개당 크림 사용량은 30g으로 제조하시오.
5. 제품 중 12개는 크림을 넣은 후 굽고, 12개는 반달형으로 크림을 충전하지 말고 제조하시오.
6. 남은 반죽은 감독위원의 지시에 따라 별도로 제출하시오.

- 재료 계량(재료당 1분) → [감독위원 계량 확인] → 작품 제조 및 정리정돈(전체 시험시간-재료 계량시간)
- 재료 계량시간 내에 계량을 완료하지 못하여 시간이 초과된 경우 및 계량을 잘못한 경우는 추가의 시간 부여 없이 작품 제조 및 정리정돈 시간을 활용하여 요구사항의 무게대로 계량
- 달걀의 계량은 감독위원이 지정하는 개수로 계량

재료명	비율(%)	무게(g
강력분	100	800
물	53	424
이스트	4	32
제빵개량제	2	16
소금	2	16
설탕	16	128
쇼트닝	12	96
분유	2	16
달걀	10	80
계	201	1,60

(※ 충전용 재료는 계량시간에서 제외

커스터드 크림	(1개당 30g)	360

0. 준비

① 유지 부드럽게, 커스터드 크림 준비

1. 반죽(100%, 요구사항 : 27℃)

① 가루재료 + 이스트 + 물 + 달걀을 섞어 전 재료 저속믹싱한다.
② 클린업 단계에서 유지 넣고 중속믹싱한다.
③ 믹싱 완료, 온도 체크 후 뺀다.

2. 1차 발효(27℃, 75~80%)

① 50분(+10) 한다.

3. 분할(요구사항 : 45g) & 중간발효

① 45g씩 분할 후 둥글리기
② 중간발효 : 실온 10분(+5)

Tip 단과자류는 분할 수가 많으므로 둥글리기 후 처음 반죽은 성형에 들어가도 좋다.

4. 성형(요구사항 : 45g, 크림 30g)

① 밀대로 반죽을 가운데부터 천천히 밀어서 두께가 균일하고 좁고 긴 타원형으로 밀어준다.
- 충전용, 비충전용을 반으로 접을 시 아래보다 윗부분이 0.5cm 더 나오게 접어준다.

② 충전용
- 밀어준 반죽을 저울에 올려 짤주머니 또는 스패출러로 크림 30g을 충전한다.
- 반 접어 5군데 칼집을 깊게 내준다.(스크래퍼 사용)

③ 비충전용
- 식용유를 발라 반 접어준다.

5. 팬닝 (3×4배열 12개씩 2판 요구사항 : 나머지 제출)

① 충전용, 비충전용으로 각각 팬닝하여 준다.

6. 2차 발효(35℃, 80~85%)

① 40분(+10) 팬을 흔들었을 때 반죽이 흔들리면 완료

7. 굽기

① 200/160℃로 13분(+2) 굽기
- 제품 바닥이 진하면 이중팬 사용한다.
- 비충전 제품의 색이 빨리 난다.

8. 평가

① 크림의 위치에 따라 제품 표면색이 고르지 않을 수 있다.

소보로빵(단과자빵)

3시간 30분

요구사항

소보로빵(단과자빵)을 제조하여 제출하시오.

1. 빵반죽 재료를 계량하여 재료별로 진열하시오(9분).
2. 반죽은 스트레이트법으로 제조하시오.
   (단, 유지는 클린업 단계에 첨가하시오.)
3. 반죽온도는 27℃를 표준으로 하시오.
4. 반죽 1개의 분할무게는 50g씩, 1개당 소보로 사용량은 약 30g 정도로 제조하시오.
5. 토핑용 소보로는 배합표에 따라 직접 제조하여 사용하시오.
6. 반죽은 24개를 성형하여 제조하고, 남은 반죽과 토핑용 소보로는 감독위원의 지시에 따라 별도로 제출하시오.

- 재료 계량(재료당 1분) → [감독위원 계량 확인] → 작품 제조 및 정리정돈(전체 시험시간-재료 계량시간)
- 재료 계량시간 내에 계량을 완료하지 못하여 시간이 초과된 경우 및 계량을 잘못한 경우는 추가의 시간 부여 없이 작품 제조 및 정리정돈 시간을 활용하여 요구사항의 무게대로 계량
- 달걀의 계량은 감독위원이 지정하는 개수로 계량

요구사항제법 : 스트레이트법

반죽

재료명	비율(%)	무게(g
강력분	100	900
물	47	423(422
이스트	4	36
제빵개량제	1	9(8)
소금	2	18
마가린	18	162
탈지분유	2	18
달걀	15	135(136
설탕	16	144
계	205	1,845(1,8

토핑용 소보로(계량시간에서 제외)

재료명	비율(%)	무게(
중력분	100	300
설탕	60	180
마가린	50	150
땅콩버터	15	45(46
달걀	10	30
물엿	10	30
탈지분유	3	9(10
베이킹파우더	2	6
소금	1	3
계	251	753

0. 준비

① 유지 부드럽게, 소보로 준비

1. 반죽(100%, 요구사항 : 27℃)

① 가루재료 + 이스트 + 물 + 달걀을 섞어 전 재료 저속믹싱한다.
② 클린업 단계에서 유지 넣고 중속믹싱한다.
③ 믹싱 완료, 온도 체크 후 뺀다.

2. 1차 발효(27℃, 75~80%)

① 50분(+10) 한다.

3. 토핑 소보로 제조(크림법 제조)

① 버터 + 땅콩버터를 풀어준다. 소금 + 설탕 + 물엿을 넣고 섞어준다.
② 달걀을 넣고 분리되지 않게 섞어준다.
③ 체친 가루재료를 1/2 넣고 섞은 후 나머지 가루재료를 넣고 전체 밀가루양의 70%만 섞어준다.(섞을 때 주걱을 세우고 자르듯이 섞는다.)
④ 비닐을 덮고 냉장 휴지한다.
- 겨울철에는 온도가 낮아 크림화가 적당하나 여름철엔 크림화가 지나치게 되어 소보로가 뭉쳐질 수 있다.

4. 분할(요구사항 : 50g) & 중간발효

① 50g씩 분할 후 둥글리기
② 중간발효 : 실온 10분(+5)

Tip 단과자류는 분할 수가 많으므로 둥글리기 후 처음 반죽은 성형에 들어가도 좋다.

5. 성형(요구사항 : 반죽 50g, 소보로 30g)

→ 남은 반죽은 감독관 지시에 따라 제출

① 소보로 정리
- 소보로는 날가루가 보이지 않도록 적절한 덩어리 형태로 비벼 완성해 준다.

② 둥글리기한 반죽을 재둥글리기하여, 물에 적셔주고 30g 소보로 토핑 위에 반죽을 올려 옆면까지 충분히 성형하여 반죽과 소보로 무게의 합이 80g이 나오게 한다.

6. 팬닝(3×4배열 12개씩 2판, 요구사항 : 나머지 제출)

① 간격 맞춰 배열해 준다.

7. 2차 발효(35℃, 80~85%)

① 40분(+10) 팬을 흔들었을 때 반죽이 흔들리면 완료

8. 굽기

① 190/160℃로 13분(+2) 굽기
- 제품 바닥이 진하면 이중팬을 사용한다.

9. 평가

① 소보로의 토핑양이 일정한가, 제품의 색이 균일한가

단과자빵(트위스트형)

3시간 30분

요구사항

요구사항제법 : 스트레이트법

단과자빵(트위스트형)을 제조하여 제출하시오.

❶ 배합표의 각 재료를 계량하여 재료별로 진열하시오(9분).

❷ 반죽은 스트레이트법으로 제조하시오.
(단, 유지는 클린업 단계에 첨가하시오.)

❸ 반죽온도는 27℃를 표준으로 하시오.

❹ 반죽분할무게는 50g이 되도록 하시오.

❺ 모양은 8자형 12개, 달팽이형 12개로 2가지 모양으로 만드시오.

❻ 완제품 24개를 성형하여 제출하고, 남은 반죽은 감독위원의 지시에 따라 별도로 제출하시오.

- ◆ 재료 계량(재료당 1분) → [감독위원 계량 확인] → 작품 제조 및 정리정돈(전체 시험시간–재료 계량시간)
- ◆ 재료 계량시간 내에 계량을 완료하지 못하여 시간이 초과된 경우 및 계량을 잘못한 경우는 추가의 시간 부여 없이 작품 제조 및 정리정돈 시간을 활용하여 요구사항의 무게대로 계량
- ◆ 달걀의 계량은 감독위원이 지정하는 개수로 계량

재료명	비율(%)	무게(g
강력분	100	900
물	47	422
이스트	4	36
제빵개량제	1	8
소금	2	18
설탕	12	108
쇼트닝	10	90
분유	3	26
달걀	20	180
계	199	1,78

0. 준비

① 유지 부드럽게

1. 반죽(100%, 요구사항 : 27℃)

① 가루재료 + 이스트 + 물 + 달걀을 섞어 전 재료 저속믹싱한다.
② 클린업 단계에서 유지 넣고 중속믹싱한다.
③ 믹싱 완료, 온도 체크 후 뺀다.

2. 1차 발효(27℃, 75~80%)

① 50분(+10) 한다.

3. 분할(요구사항 : 50g) & 중간발효

① 150g씩 분할 후 둥글리기
② 중간발효 : 실온 10분(+5)

Tip 단과자류는 분할 수가 많으므로 둥글리기 후 처음 반죽은 성형에 들어가도 좋다.

4. 성형(요구사항 : 8자형, 트위스트형 2가지)

① 1차 성형
- 가스를 빼준 다음 스틱형태로 돌돌 말아 15cm가량 늘려준다.

② 8자형(30cm)
- 가운데부터 밀어 굵기를 맞춘 다음 양쪽 끝을 밀어 총 30cm가 되게 한다.
- 끝부분의 2/3 지점을 교차하여 꼬아준다. 꼬리는 뒤집어 이음매를 잘 만들어준다.

③ 트위스트형(35cm)
- 가운데부터 밀어 굵기를 맞춘 다음 가운데 공간을 만들어 원형으로 돌려준다.
- 뾰족한 쪽을 아래로 넣어 이음매를 처리한다. (느슨하게 감아준다.)

5. 팬닝 (3×4배열 12개씩 2판, 요구사항 : 나머지 제출)

① 트위스트와 달팽이형을 각각 팬닝하여 준다.

6. 2차 발효(35℃, 80~85%)

① 40분(+5) 팬을 흔들었을 때 반죽이 흔들리면 완료

7. 굽기

① 200/150℃로 12분(+3) 굽기
- 제품 바닥이 진하면 이중팬을 사용한다.

8. 평가

① 성형 시 가스 손실이 많은 제품으로 2차 발효를 충분히 하여 부족한 수분과 부피를 채워준다.

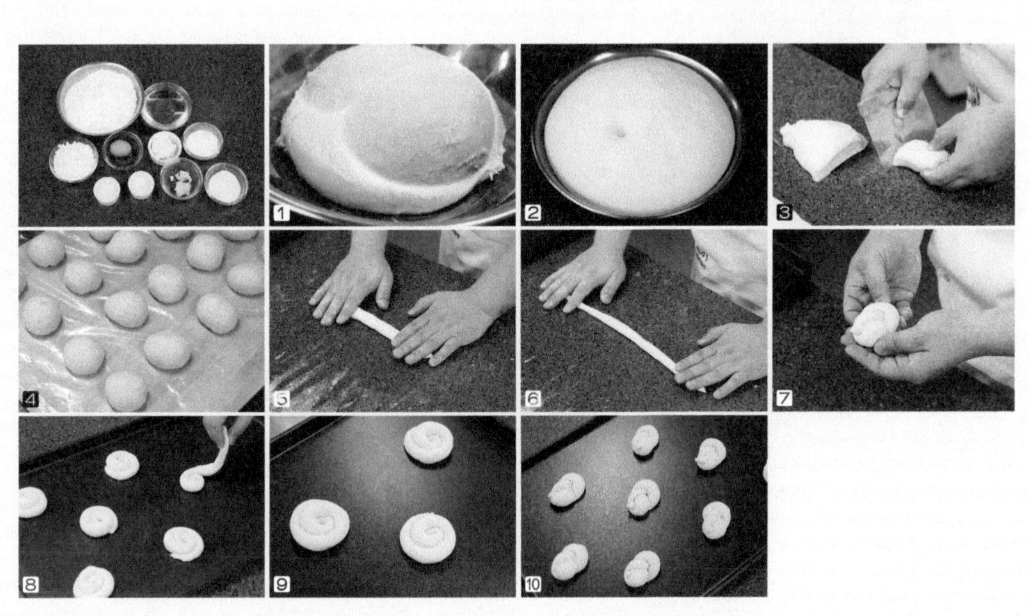

버터롤

3시간 30분

요구사항

요구사항제법 : 스트레이트법

버터롤을 제조하여 제출하시오.

❶ 배합표의 각 재료를 계량하여 재료별로 진열하시오(9분).
❷ 반죽은 스트레이트법으로 제조하시오.
(단, 유지는 클린업 단계에 첨가하시오.)
❸ 반죽온도는 27℃를 표준으로 하시오.
❹ 반죽 1개의 분할무게는 50g으로 제조하시오.
❺ 제품의 형태는 번데기 모양으로 제조하시오.
❻ 24개를 성형하고, 남은 반죽은 감독위원의 지시에 따라 별도로 제출하시오.

- 재료 계량(재료당 1분) → [감독위원 계량 확인] → 작품 제조 및 정리정돈(전체 시험 시간-재료 계량시간)
- 재료 계량시간 내에 계량을 완료하지 못하여 시간이 초과된 경우 및 계량을 잘못한 경우는 추가의 시간 부여 없이 작품 제조 및 정리정돈 시간을 활용하여 요구사항의 무게대로 계량
- 달걀의 계량은 감독위원이 지정하는 개수로 계량

재료명	비율(%)	무게(g
강력분	100	900
설탕	10	90
소금	2	18
버터	15	135(13
탈지분유	3	27(26
달걀	8	72
이스트	4	36
제빵개량제	1	9(8)
물	53	477(47
계	196	1,76

0. 준비

① 유지 부드럽게

1. 반죽(100%, 요구사항 : 27℃)

① 가루재료 + 이스트 + 물 + 달걀을 섞어 전 재료 저속믹싱한다.
② 클린업 단계에서 유지 넣고 중속믹싱한다.
③ 믹싱 완료, 온도 체크 후 뺀다.

2. 1차 발효(27℃, 75~80%)

① 50분(+10) 한다.

3. 분할(요구사항 : 50g) & 중간발효

① 50g씩 분할 후 둥글리기
② 중간발효 : 실온 10분(+5)

Tip 분할 수가 많으므로 둥글리기 후 처음 반죽은 성형에 들어가도 좋다.
50g 확인 후 비슷한 사이즈로 분할한다.

4. 성형(요구사항 : 번데기 모양)

① 가스 너무 빼지 말고 살짝 누르기 : 수축 고려 40cm 정도 늘린다.(가스를 너무 빼면 잘 안 늘어난다.)
② 3겹 말기 후 완만한 올챙이로 밀어준다.(10개씩 선작업 후 성형한다.)
③ 이음매가 위를 보게 한 후 머리 살짝 누른 후 밀대로 윗부분부터 밀어 올려 민다.
중간 아랫부분부터는 반죽을 살짝 들어 밀대로 살살 늘린다.
나머지는 다시 밑에서부터 위로 올리듯이 밀어준다.
④ 머리 길이를 7cm로 늘려 말아 심지를 만든 뒤, 말아서 이음매를 처리한다.

5. 팬닝
(3×4배열 12개씩 2판, 요구사항 : 나머지 제출)

① 팬닝 후 성형한 반죽을 살짝 눌러준다.(구르기 방지)

6. 2차 발효(35℃, 80~85%)

① 40분(+10)

7. 굽기

① 200/150℃로 12분(+3) 굽기

Tip 단과자류는 언더 베이킹으로 높은 온도에서 짧은 시간 구워 수분 손실을 줄인다.

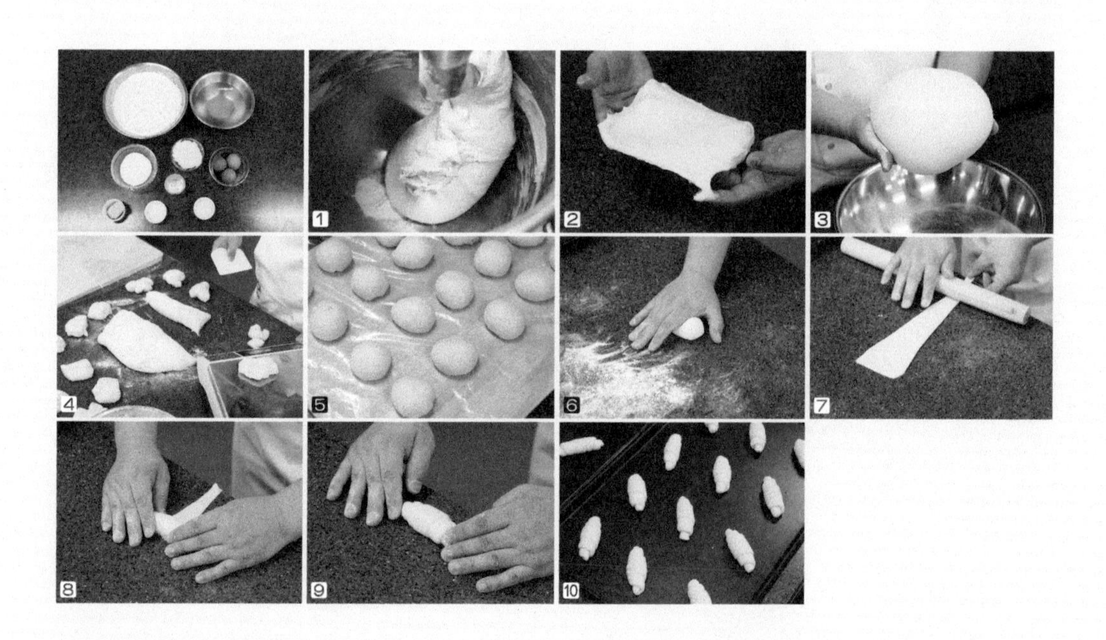

소시지빵(꽃잎모양, 낙엽모양)

3시간 30분

요구사항

소시지빵을 제조하여 제출하시오.

1. 반죽 재료를 계량하여 재료별로 진열하시오(10분).
   (토핑 및 충전물 재료의 계량은 휴지시간을 활용하시오.)
2. 반죽은 스트레이트법으로 제조하시오.
3. 반죽온도는 27℃를 표준으로 하시오.
4. 반죽분할무게는 70g씩 하시오.
5. 완제품(토핑 및 충전물 완성)은 12개 제조하여 제출하고 남은 반죽은 감독위원이 지정하는 장소에 따로 제출하시오.
6. 충전물은 발효시간을 활용하여 제조하시오.
7. 정형 모양은 낙엽모양 6개와 꽃잎모양 6개씩 2가지로 만들어서 제출하시오.

- 재료 계량(재료당 1분) → [감독위원 계량 확인] → 작품 제조 및 정리정돈(전체 시험시간–재료 계량시간)
- 재료 계량시간 내에 계량을 완료하지 못하여 시간이 초과된 경우 및 계량을 잘못한 경우는 추가의 시간 부여 없이 작품 제조 및 정리정돈 시간을 활용하여 요구사항의 무게대로 계량
- 달걀의 계량은 감독위원이 지정하는 개수로 계량

요구사항제법 : 스트레이트법

반죽

재료명	비율(%)	무게(g
강력분	80	560
중력분	20	140
생이스트	4	28
제빵개량제	1	6
소금	2	14
설탕	11	76
마가린	9	62
탈지분유	5	34
달걀	5	34
물	52	364
계	**189**	**1,318**

토핑 및 충전물(계량시간에서 제외)

재료명	비율(%)	무게(g
프랑크소시지	100	(480
양파	72	336
마요네즈	34	158
피자치즈	22	102
케첩	24	112
계	**252**	**1,18**

0. 준비

① 유지 부드럽게, 소시지, 가위, 토핑 및 충전물

1. 반죽(100%, 요구사항 : 27℃)

① 가루재료 + 이스트 + 물 + 달걀을 섞어 전 재료 저속믹싱한다.
② 클린업 단계에서 유지 넣고 중속믹싱한다.
③ 믹싱 완료, 온도 체크 후 뺀다.

2. 1차 발효(27℃, 75~80%)

① 50분(+10) 한다.

3. 토핑 준비하기

① 양파는 얇게 슬라이스한다.
② 소시지는 기름 및 물기를 빼준다.
③ 양파와 피자치즈, 마요네즈를 약간 넣고 뭉쳐준다.

4. 분할(요구사항 : 70g) & 중간발효

① 70g씩 분할 후 둥글리기
② 중간발효 : 실온 15분(+5)

5. 성형(요구사항 : 낙엽모양, 꽃잎모양/나머지 제출)

① 반죽의 가스를 빼준다. 소시지 길이만큼 늘려준 반죽 위를 소시지로 감싸준다.
② 낙엽모양 : 각도를 사선으로 하여 반죽을 끝까지 잘라 10~12개를 잘라 펴준다.
③ 꽃잎모양 : 각도를 직각으로 하여 8~10개로 잘라 동그랗게 둘러준다.

6. 팬닝(6개씩 2판, 요구사항 : 나머지 제출)

① 낙엽모양, 꽃잎모양으로 각각 팬닝하여 준다.

7. 2차 발효(35℃, 80~85%)

① 25분(+5)

8. 토핑 올리기

① 준비된 토핑을 나누어 올려준다.
② 짤주머니를 사용해 케첩을 먼저 짜준 후 마요네즈를 짜준다.

9. 굽기

① 200/160℃로 13분(+5) 굽기

10. 평가

① 바닥이 연하면 수분이 많이 생겨 물이 생긴다. 바닥까지 색을 잘 낸다. 요구사항 준수

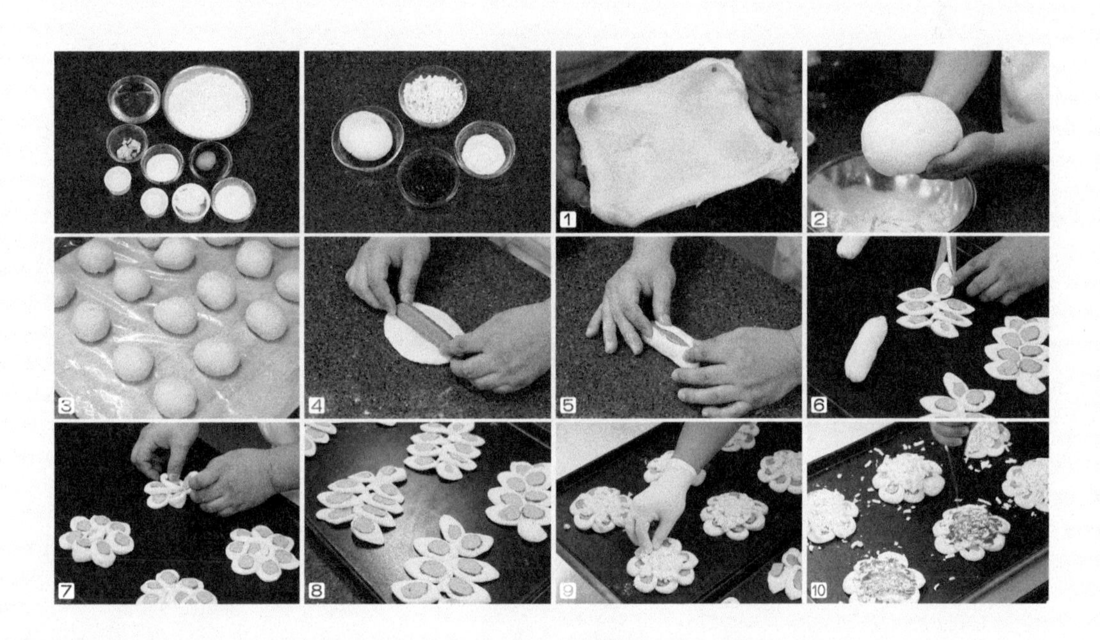

스위트롤(야자잎, 트리플리프)

⏲ **3**시간 **30**분

요구사항

스위트롤을 제조하여 제출하시오.

1. 배합표의 각 재료를 계량하여 재료별로 진열하시오(9분).
2. 반죽은 스트레이트법으로 제조하시오.
   (단, 유지는 클린업 단계에 첨가하시오.)
3. 반죽온도는 27℃를 표준으로 하시오.
4. 야자잎형 12개, 트리플리프(세잎새형) 9개를 만드시오.
5. 계피설탕은 각자가 제조하여 사용하시오.
6. 성형 후 남은 반죽은 감독위원의 지시에 따라 별도로 제출하시오.

- 재료 계량(재료당 1분) → [감독위원 계량 확인] → 작품 제조 및 정리정돈(전체 시험시간–재료 계량시간)
- 재료 계량시간 내에 계량을 완료하지 못하여 시간이 초과된 경우 및 계량을 잘못한 경우는 추가의 시간 부여 없이 작품 제조 및 정리정돈 시간을 활용하여 요구사항의 무게대로 계량
- 달걀의 계량은 감독위원이 지정하는 개수로 계량

요구사항제법 : 스트레이트법

재료명	비율(%)	무게(g
강력분	100	900
물	46	414
이스트	5	45(46
제빵개량제	1	9(10)
소금	2	18
설탕	20	180
쇼트닝	20	180
탈지분유	3	27(28
달걀	15	135(13
계	**212**	1,908 (1,912
(※ 충전용 재료는 계량시간에서 제외		
충전용 설탕	15	135(13
충전용 계핏가루	1.5	13.5(1

0. 준비

① 유지 부드럽게, 충전용 설탕, 버터 녹이기, 스크래퍼

1. 반죽(100%, 요구사항 : 27℃)

① 가루재료 + 이스트 + 물 + 달걀을 섞어 전 재료 저속믹싱한다.
② 클린업 단계에서 유지 넣고 중속믹싱한다.
③ 믹싱 완료, 온도 체크 후 뺀다.

2. 1차 발효(27℃, 75~80%)

① 40분 한다.

3. 성형(요구사항 : 야자잎형 12개, 트리플리프(세잎새형) 9개)

① 덩어리로 나누어 작업한다.
② 1차 성형
- 반죽을 가로 45cm×25cm로 밀어준다. 용해버터를 바르고 계피+설탕을 뿌려준다.
- 타이트하게 말아준다.

③ 야자잎형
- 간격 2cm로 하여 2개의 잎으로 잘라준다.

④ 트리플리프형
- 간격 2cm로 하여 3개의 잎으로 잘라준다.

4. 팬닝(각 모양별 2판씩, 요구사항 : 나머지 제출)

① 각 모양별로 팬닝하여 발효시킨다.

5. 2차 발효(35℃, 75~80%)

① 30분(+10)(설탕이 녹지 않게 온습도에 신경쓴다.)

6. 굽기

① 180/160℃로 15분(+5) 굽기

7. 평가

① 롤링이 풀리는지, 색상이 고루 입혀졌는지, 설탕이 골고루 되었는지

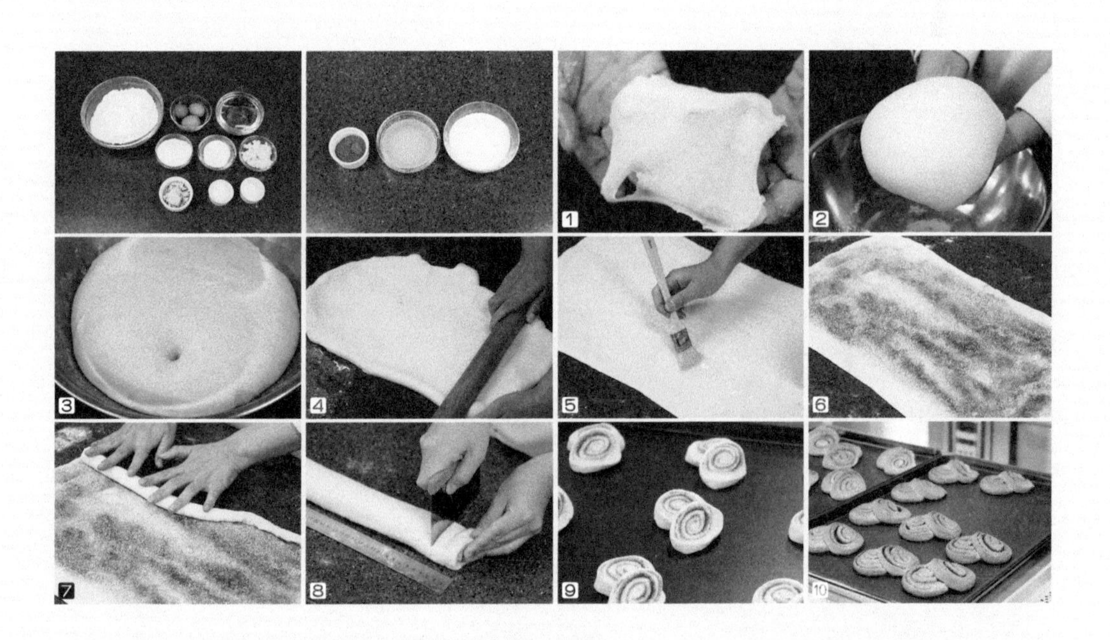

그리시니

◷ **2**시간 **30**분

요구사항

요구사항제법 : 스트레이트법

그리시니를 제조하여 제출하시오.

❶ 배합표의 각 재료를 계량하여 재료별로 진열하시오(8분).

❷ 전 재료를 동시에 투입하여 믹싱하시오(스트레이트법).

❸ 반죽온도는 27℃를 표준으로 하시오.

❹ 반죽분할무게는 30g, 길이는 35~40cm로 성형하시오.

❺ 반죽은 전량을 사용하여 성형하시오.

◆ 재료 계량(재료당 1분) → [감독위원 계량 확인] → 작품 제조 및 정리정돈(전체 시험시간–재료 계량시간)

◆ 재료 계량시간 내에 계량을 완료하지 못하여 시간이 초과된 경우 및 계량을 잘못한 경우는 추가의 시간 부여 없이 작품 제조 및 정리정돈 시간을 활용하여 요구사항의 무게대로 계량

◆ 달걀의 계량은 감독위원이 지정하는 개수로 계량

재료명	비율(%)	무게(g
강력분	100	700
설탕	1	7(6)
건조 로즈마리	0.14	1(2)
소금	2	14
이스트	3	21(22
버터	12	84
올리브유	2	14
물	62	434
계	182.14	1,275 (1,27

0. 준비

① 물 + 올리브

1. 반죽(100%, 요구사항 : 27℃)

① 가루재료 + 이스트 + 물 + 올리브유를 섞어 전 재료 저속믹싱한다.
② 한덩어리가 되면 중속으로 믹싱한다.
③ 글루텐 테스트하고 온도 체크 후 뺀다.

2. 1차 발효(27℃, 75~80%)

① 40분 한다.

3. 분할(요구사항 : 30g) & 중간발효

① 30g씩 분할 후 둥글리기
② 중간발효 : 실온 10분(+5)

Tip 분할 수가 많으므로 둥글리기 후 처음 반죽은 성형에 들어가도 좋다.

4. 성형(요구사항 : 길이 35~40cm)

① 1차 성형
- 가스를 빼준 다음 스틱형태로 말아주고 20cm가량 늘려준다.

② 2차 성형
- 길이를 35~40cm로 성형한다.

5. 팬닝(10개씩 4판)

① 간격을 맞춰 세로로 10개씩 놓는다.

Tip 상황에 맞추어 팬닝을 조절해 준다.

6. 2차 발효(35℃, 80~85%)

① 30분

7. 굽기

① 190/150℃로 13분(+5) 굽기

8. 평가

① 완제품의 크기 및 두께가 일정해야 한다.

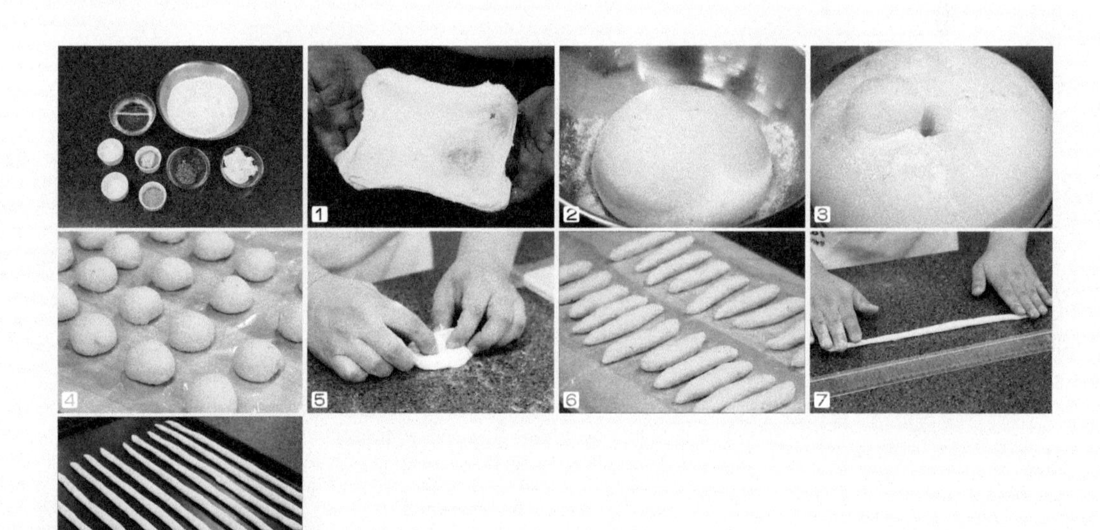

베이글

3시간 30분

요구사항

요구사항제법 : 스트레이트법

베이글을 제조하여 제출하시오.

1. 배합표의 각 재료를 계량하여 재료별로 진열하시오(7분).
2. 반죽은 스트레이트법으로 제조하시오.
3. 반죽온도는 27℃를 표준으로 하시오.
4. 1개당 분할중량은 80g으로 하고 링모양으로 정형하시오.
5. 반죽은 전량을 사용하여 성형하시오.
6. 2차 발효 후 끓는 물에 데쳐 팬닝하시오.
7. 팬 2개에 완제품 16개를 구워 제출하고 남은 반죽은 감독위원의 지시에 따라 별도로 제출하시오.

- 재료 계량(재료당 1분) → [감독위원 계량 확인] → 작품 제조 및 정리정돈(전체 시험시간-재료 계량시간)
- 재료 계량시간 내에 계량을 완료하지 못하여 시간이 초과된 경우 및 계량을 잘못한 경우는 추가의 시간 부여 없이 작품 제조 및 정리정돈 시간을 활용하여 요구사항의 무게대로 계량
- 달걀의 계량은 감독위원이 지정하는 개수로 계량

재료명	비율(%)	무게(g)
강력분	100	800
물	55~60	440~48
이스트	3	24
제빵개량제	1	8
소금	2.2	18
설탕	2	16
식용유	3	24
계	166~171	1,328~1,3

0. 준비

① 이스트 + 밀가루 피복, 물 + 식용유

1. 반죽(80%, 요구사항 : 27℃)

① 가루재료 + 이스트 + 물을 섞어 전 재료 저속믹싱한다.
② 클린업 단계에서 유지 넣고 중속믹싱한다.
③ 믹싱 완료, 온도 체크 후 뺀다.
• 베이글은 80%만 믹싱하되 발효를 충분히 한다.

2. 1차 발효(27℃, 75~80%)

① 50분(+10) 한다.

3. 분할(요구사항 : 80g) & 중간발효

① 80g씩 분할 후 둥글리기
② 중간발효 : 실온 15분(+5)

4. 성형(요구사항 : 링모양)

① 반죽에 가스를 뺀 다음 밀대로 30cm 정도 민다.
② 탄력있게 말아준 뒤 끝을 뾰족하게 하고, 반대쪽 2cm 정도는 밀대로 다시 넓게 펴준다.
③ 넓게 펴준 부분에 뾰족한 부분을 최대한 겹쳐 감싸고 이음매를 꼼꼼히 한다.

5. 팬닝(요구사항 : 팬 2개에 완제품 16개)

① 팬닝 시 링을 늘리면서 한다.
② 8개씩 팬닝한다.

6. 2차 발효(35℃, 75~80%)

① 30분(+5)

7. 데치기

① 80~90℃ 물에 앞뒷면이 호화될 정도로 데쳐준다. 한 면에 약 1분

8. 굽기

① 200/170℃로 20분(+5) 굽기

빵도넛(트위스트, 꽈배기)

3시간

요구사항

빵도넛을 제조하여 제출하시오.

1. 배합표의 각 재료를 계량하여 재료별로 진열하시오(12분).
2. 반죽은 스트레이트법으로 제조하시오.
   (단, 유지는 클린업 단계에 첨가하시오.)
3. 반죽온도는 27℃를 표준으로 하시오.
4. 반죽분할무게는 46g씩으로 하시오.
5. 모양은 8자형 22개와 트위스트형(꽈배기형) 22개로 만드시오.
   (남은 반죽은 감독위원의 지시에 따라 별도로 제출하시오.)

◆ 재료 계량(재료당 1분) → [감독위원 계량 확인] → 작품 제조 및 정리정돈(전체 시험시간–재료 계량시간)

◆ 재료 계량시간 내에 계량을 완료하지 못하여 시간이 초과된 경우 및 계량을 잘못한 경우는 추가의 시간 부여 없이 작품 제조 및 정리정돈 시간을 활용하여 요구사항의 무게대로 계량

◆ 달걀의 계량은 감독위원이 지정하는 개수로 계량

요구사항제법 : 스트레이트법

재료명	비율(%)	무게(g
강력분	80	880
박력분	20	220
설탕	10	110
쇼트닝	12	132
소금	1.5	16.5(1
탈지분유	3	33(32
이스트	5	55(56
제빵개량제	1	11(10
바닐라향	0.2	2.2(2
달걀	15	165(16
물	46	506
너트맥	0.2	2.2(2
계	194	2,132 (2,13

0. 준비

① 유지 부드럽게, 식용유 준비, 토핑용 설탕

1. 반죽(80%, 요구사항 : 27℃)

① 가루재료 + 이스트 + 물 + 달걀을 섞어 전 재료를 저속믹싱한다.
② 클린업 단계에서 유지를 넣고 중속믹싱한다.
③ 믹싱 완료, 온도 체크 후 뺀다.

2. 1차 발효(27℃, 75~80%)

① 50분(+10) 한다.

3. 분할(요구사항 : 46g) & 중간발효

① 46g씩 분할 후 둥글리기
② 중간발효 : 실온 10분(+5)

Tip 단과자류는 분할 수가 많으므로 둥글리기 후 처음 반죽은 성형에 들어가도 좋다.

4. 성형(요구사항 : 8자형, 꽈배기형 2가지)

① 1차 성형
- 가스를 빼준 다음 스틱형태로 돌돌 말아주고 15 cm가량 늘려준다.

② 8자형(30cm)
- 가운데부터 밀어 굵기를 맞춘 다음 양쪽 끝을 밀어 총 30cm가 되게 한다.
- 끝부분의 2/3 지점을 교차하여 꼬아준다. 꼬리는 뒤집어 이음매를 잘 만들어준다.

③ 꽈배기형(35cm)
- 가운데부터 밀어 굵기를 맞춘 다음 한쪽을 위로, 다른 쪽을 아래로 내려준 다음 반죽을 들어주면서 교차한다.

5. 팬닝(3×4배열 12개씩 4판)

① 트위스트와 달팽이형을 각각 팬닝하여 준다.

6. 2차 발효(35℃, 75~80%)

① 30분(+10)(온습도 높지 않게 한다.)
- 튀길 때 회전율이 떨어져 2차 발효가 과다해지는 경우가 있으므로 실온발효해도 괜찮다.

7. 튀기기

① 180~185℃ 한 면에 1분~1분 30초씩 튀겨 앞뒷면을 골고루 익힌다.

8. 평가

① 발효가 충분해 옆라인이 하얗게 나와야 한다. 요구사항에 맞추어 작업한다.

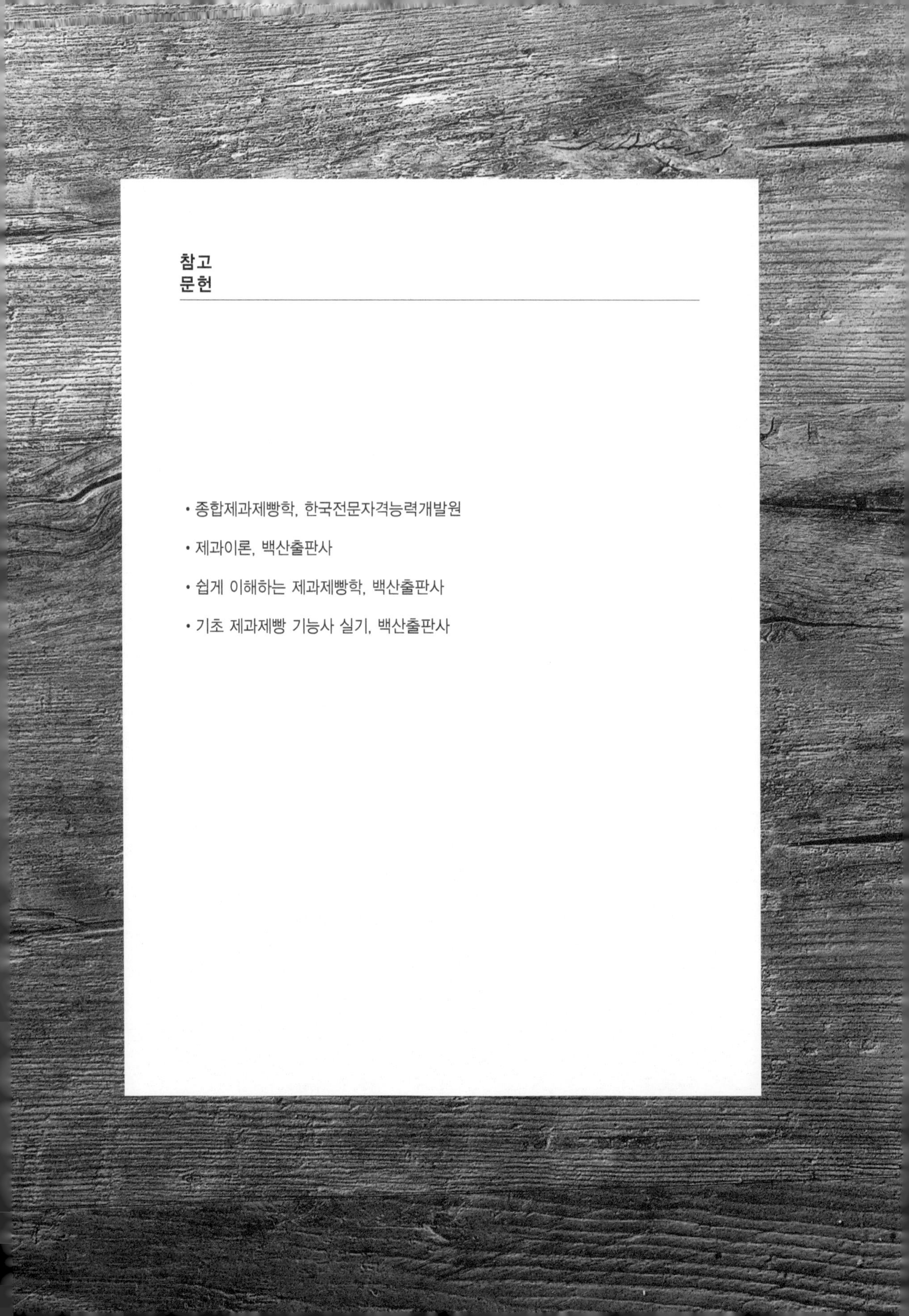

참고 문헌

- 종합제과제빵학, 한국전문자격능력개발원
- 제과이론, 백산출판사
- 쉽게 이해하는 제과제빵학, 백산출판사
- 기초 제과제빵 기능사 실기, 백산출판사

저자약력

오동환

한국관광대학교 호텔제과제빵과 전임교수
경기대학교 외식조리관리 관광학석사
대한민국 제과기능장
Coup du monde de la Pâtisserie 대한민국 국가대표
SPC Samlip 식품기술연구소 근무
프랑스 Ecole Lenotre 장학생
한국산업인력관리공단 제과/제빵 기능사 및 기능장 감독위원
지방기능경기대회 심사장 및 심사위원
SIBA 최우수상 식품의약품안전처장상
고용노동부장관상
중소벤처기업부장관상
e-mail: acute007@naver.com

강소연

한국관광대학교 호텔제과제빵과 겸임교수
두원공과대학교 호텔 · 조리계열 제과제빵과 겸임교수
백석문화대학교 호텔외식조리학부 제과제빵과 강사
세종대학교 산업대학원 호텔관광외식경영학 석사
대한민국 제과기능장
혜전대학교 제과제빵과 외래교수
한국호텔관광교육재단 근무
직업능력개발훈련교사 2급
제과제빵기능사 실기 심사위원
지방기능경기대회 심사위원
베이커리페어 심사위원
대한제과협회 기술지도위원
에꼴 벨루이 꽁세이(Ecole Bellouet Conseil) 연수

정성모

쉐프스토리 대표
대한민국 제과기능장 대구 부회장
대한민국 제과기능장
대한제과협회 대구 부회장
Coup du Monde de la Pâtisserie 대한민국 국가대표
대한민국 프로제빵왕 금메달
대구음식산업대전 초콜릿 금메달
기능경기대회 은메달

윤두열

순수베이커리 대표
구미대학교 호텔조리제빵바리스타학과 베이커리 겸임교수
대구가톨릭대학교 의료보건산업대학원 외식산업학석사
Round · Round 베이커리 총괄 Chef
대한민국 제과기능장
우리쌀빵기능경진대회 금메달 농촌진흥청장상
우리쌀빵기능경진대회 최우수상 농림식품부장관상
해양수산부장관상

이득길

(주)베이커리가루 대표
대한민국 제과기능장
강원도립대학 바리스타 제과제빵학과 외래교수
대원대학교 제과제빵학과 외래교수
대한제과협회 대외협력위원
동경제과학교 연수
한국산업인력관리공단 제과/제빵 기능사 감독위원
크림치즈경연대회 수상
국제빵과자경연대회 초콜릿공예 대형부문 최우수상
국제요리&제과경연대회 농림축산식품부장관상 대상

제과제빵기능사 실기

2020년 10월 10일 초 판 1쇄 발행
2023년 7월 31일 제2판 1쇄 발행
2024년 4월 30일 제3판 1쇄 발행
2024년 9월 15일 제4판 1쇄 발행

지은이 오동환 · 강소연 · 정성모 · 윤두열 · 이득길
펴낸이 진욱상
펴낸곳 (주)백산출판사
교 정 성인숙
본문디자인 신화정
표지디자인 오정은

등 록 2017년 5월 29일 제406-2017-000058호
주 소 경기도 파주시 회동길 370(백산빌딩 3층)
전 화 02-914-1621(代)
팩 스 031-955-9911
이메일 edit@ibaeksan.kr
홈페이지 www.ibaeksan.kr

ISBN 979-11-6567-924-8 13590
값 14,000원